山水源流

日本造园古籍解译

许 浩 著

东南大学出版社
SOUTHEAST UNIVERSITY PRESS

·南京·

图书在版编目（CIP）数据

山水源流：日本造园古籍解译/许浩著．－－南京：
东南大学出版社，2024.12

ISBN 978-7-5766-1327-8

Ⅰ．①山…　Ⅱ．①许…　Ⅲ．①造园学—日本　Ⅳ．
① TU986.631.3

中国国家版本馆 CIP 数据核字（2024）第 052807 号

责任编辑：朱震霞　　责任校对：子雪莲　　装帧设计：王少陵　　责任印制：周荣虎

山水源流：日本造园古籍解译

SHANSHUI YUANLIU: RIBEN ZAOYUAN GUJI JIEYI

著　　　者：许　浩
出版发行：东南大学出版社
出 版 人：白云飞
社　　　址：南京市四牌楼 2 号　邮编：210096
网　　　址：http://www.seupress.com
电子邮箱：press@seupress.com
经　　　销：全国各地新华书店
印　　　刷：南京新世纪联盟印务有限公司
开　　　本：787 mm × 1092 mm　1/16
印　　　张：17
字　　　数：350 千字
版　　　次：2024 年 12 月第 1 版
印　　　次：2024 年 12 月第 1 次印刷
书　　　号：ISBN 978-7-5766-1327-8
定　　　价：120.00 元

本社图书若有印装质量问题，请直接与营销部联系，电话：025-83791830

热爱造园，如同世上其他普遍性的感情，必须一心一意地探求其意义。忠实地观察池（泉）水、草、树等随着四季变化的样子，了解其内涵。只有这样，才能成为真正爱山水之道的人……仔细观察四季更替，领悟自然的永恒变化，能够去掉人心之迷惘。

——北村援琴：《筑山庭造传》

本书的缘起与意义

习近平同志在哲学社会科学工作座谈会上提出了"立足中国、借鉴国外、挖掘历史、把握当代、关怀人类、面向未来"的加快构建中国特色哲学社会科学的伟大构想。对于园林史论领域而言，这就要求研究者应放眼世界，充分整理世界优秀造园成果，借鉴国外优秀造园思想理论与技法。

从风格与地域上划分，世界园林体系大致分为西方造园体系、东方造园体系、伊斯兰造园体系三大板块。西方造园体系包括古希腊罗马造园、城堡式园林、教会修道院园林、文艺复兴园林、意大利台地园、勒诺特尔式园林、英式风景园、英中式园林等，最早可追溯至古埃及时期的宅园。东方造园体系以东亚中国、日本、韩国，以及南亚印度的园林为主。

日本造园是东亚园林体系的重要组成部分，其历史渊源可追溯至飞鸟时代（592—710）的池泉式皇家园林以及藤原宫、平城京（奈良）东院庭园。迁都平安京（京都）后（794年），由于生产力发展、气候和环境适宜，造园活动逐渐增多，在吸收中国园林的造园思想后，衍生出了具有本土特色、风格成熟的"和式"园林。

自从20世纪70年代中日邦交正常化以来，文化之间的交流使得我们能够通过越来越多的史料更全面地认识中日造园在历史发展过程中技术、风格之间的交集与影响。一方面，昭和五十年（1975年）加岛书店刊行了上原敬二主编的《造园古书丛书》。该套丛书共计十卷，包括《筑山庭造传（前编）》[①]《筑山庭造传（后编）》《石组园生八重垣传》《芥子园树石画谱》《芥子园风景画谱》《山水并野形图·作庭记》《南坊录拔萃·露地听书》《余景作庭图·其他三古书》《都林泉名胜图会（抄）》和《园冶》。这十卷之中，七卷为日本造园书和茶道相关书，《芥子园树石画谱》《芥子园风景画谱》和《园冶》是中国的画谱与造园书。这表明中国画谱与园林理论著作早已在日本流传并发挥了重要的影响。

另一方面，日本造园的相关著作被介绍到中国，有的著作也开始在我国翻译并出版。目前对于日本古典园林的研究集中于以下三个方面：

1）日本古代庭园的历史与庭园汇编。日本学者重森三玲、丹羽鼎三先

---

① 即《筑山庭造传》。

后梳理了日本史上可考的庭园，并结合图示对其进行解读；我国学者刘庭风系统梳理了日本园林的风格与历史发展进程；章俊华则在梳理日本园林史的基础上，结合平面图示对历史名园及其构成要素展开阐述；宁晶对日本庭园的形式、历史、思想与设计进行了较为全面的梳理与介绍。

2）日本古代造园技法研究。根据所有者，日本的庭园可以分为皇家园林、贵族园林、寺社园林三类，根据营造风格，又可以分为池庭、枯山水、露地等。其中，对枯山水的营造研究最为丰富，枡野俊明所著《日本造园心得：基础知识·规划·管理·整修》结合实际案例，对日本造园基本知识点进行了梳理和解读。

3）中日古典园林比较研究。木村三郎从中、日、韩三国的交流史的角度阐释日本园林的变迁；陈植、曹林娣、刘庭风、周宏俊等中国学者也分别从文化、技法等角度对中日交流影响下的两国古典园林发展作出比较。

日本最早的造园书《作庭记》编纂于平安时代中期（约 11 世纪中），其内容主要围绕寝殿造园林，涉及立石要旨、岛姿、瀑布、遣水、禁忌、树、泉等事项。作为日本成书最早、价值最高的造园文献，国内外对于《作庭记》的研究数量多、视野广，且对于日本园林史的研究也多基于此。我国王劲韬将《作庭记》与我国《园冶》的成书历史背景与文献内容展开对比；张十庆所著《〈作庭记〉译注与研究》对该书内容进行了详细的解读。《山水并野形图》《嵯峨流庭古法秘传之书》与《童子口传书》也分别记述了日本古代的造园技法与造园禁忌。上原敬二则汇编了造园古书丛书，汇集并解说了数本重要的日本古代造园文献，小埜雅章将《作庭记》与《山水并野形图》分别进行译注，并作技法的分析与讲解，此外少有学者对其展开针对性的研究。

对于日本造园古籍的文献研究，日本研究者有三浦彩子、飞田范夫、重森三玲等，其中飞田范夫对造园古书的谱系作出较为系统、全面的梳理研究，三浦彩子、铃木里佳则针对古代造园文献的异本进行追溯与梳理；在国内，何晓静基于造园谱系的角度对日本造园手法的传承予以探析。可见，学界对于日本古典造园文献的研究虽已有一定的进展，但仍存在以下问题：

1）对于日本古典造园文献的研究以日本研究者为主，我国国内的相关研究较为薄弱。

2）日本古典造园文献的研究对象集中于《作庭记》一书，而对于其他古籍的系统整理、内容译注则较少，未能形成完整的日本造园古典文献框架，难以全面反映日本古代造园的发展特征。

3）对于日本造园古籍的研究视角，还需要进一步结合造园技法的运用展开论述。以上问题客观上导致我国园林史学者较难深入了解日本传统造园文献的主要内容和价值。

日本历史文化深受中国影响，亦有其自身发展之特点，这就促使我们认识到，应将中日园林作为东方园林体系中具有较强关联性的主要组成部分，客观地看待园林历史发展过程中的文明成果。与中国古典园林一样，日本传统园林艺术实际上是东方哲学文化、宗教与具体的地域文化相结合的产物，是东方园林之树的重要分支，而古典造园文献是其造园技法、理念及象征意义等传播的重要载体。聚焦日本古典造园文献的梳理，对完善东方园林体系研究具有重要学术意义。分析古典造园文献中的造园特征，对挖掘东亚传统园林营造理念、推动造园技法传承、促进文化多样性保存及开展遗产保护实践具有重要意义。

本书的内容

　　本书包括前言和正文。前言部分阐述了本书写作的缘起、意义，全书的章节安排和主要内容，以及研究方法。正文部分包括五章内容。第一章从类型角度对日本传统造园进行了概述。日本造园可分为皇家园林、贵族与武家庭园、寺社园林，皇家园林主要存在于京都，是最早的园林类型。贵族与武家园林分布广泛，包括寝殿造、书院造等类型。寺社园林是修行与祭拜的场所，有净土庭园、枯山水等类型。另外还有一类以茶道、茶会为主要功能的茶庭。本章最后一节初步梳理了传统庭园的作庭人。

　　第二章梳理了造园古籍的系谱，重点梳理了《築山庭造伝（前编）》《築山庭造伝（后编）》和《都林泉名胜图会》的内容、作者、出版背景和在造园史中的意义。

　　造园文献中蕴含了三大类信息。第一类信息涉及风格、象征、法则等比较抽象的内容，第二类信息是关于造园要素的技法信息，第三类为历史园林的营造信息。这三类信息相辅相成，其中又以技法信息为核心。

　　本书第三章首先针对文献中的造园风格、章法和象征进行梳理和解读，为造园技法的理解奠定了基础。

　　第四章为本书的核心部分，重点围绕文献中的技法内容进行解译。为了更好地理解，本章按照造园要素和类型，将涉及的技法信息分为"池泉""筑山立石""茶庭露地""平庭与小庭园""手水钵（即洗手钵）与石灯笼""植栽与垣""庭园的营建"七个部分进行解译。

　　《都林泉名胜图会》主要记录了京都各庭园的历史，附有大量的园林版刻图绘，实际上成为京都传统园林的记录书。《築山庭造伝（后编）》亦有部分内容通过图示与文字传递了古代造园信息。本书第五章主要摘录了这两部造园古籍中涉及的历史园林营造信息，以京都庭园为主。此部分有助于结合具体案例更好地理解造园技法。

本书的研究方法

本书主要采取解译、归类、图文对照、实地考察相结合的研究方法。作为本书的研究对象，日本造园古籍，是指日本明治维新之前的造园书。这些造园书的文字不仅专业性强，而且晦涩难懂。因此本书的基础是结合作者的专业背景对其进行解读和翻译。翻译采取直译结合意译的方法。在充分理解原文献内容的基础上，按照风格、章法、象征、技法、实例进行归类，对于技法内容再按照池泉、筑山立石、茶庭露地等造园要素类型进行归类。对于同类内容，通过前后文献的对比，可以清晰地把握各文献所阐述的相异点和相似点。

文字与图像是历史信息的基本载体。有的文献，如《作庭记》，仅有文字而无插图。本书解析的主要文献《筑山庭造伝（前编）》《筑山庭造伝（后编）》和《都林泉名胜图会》含有大量的插图，这些插图绘制精美，描绘了各类庭园的山水格局、铺装植被、建筑造型等，形象地呈现了这些庭园的景观面貌，具有文字所没有的图示作用。本书采取图文对照的方式，最大限度解读原文原图的精义，全方位地呈现文献中蕴含的各种造园历史信息。

本书采取实地考察的方法。笔者多次前往京都、奈良等地，现场考察传统园林。本书采用了一些笔者实地拍摄的京都传统庭园照片，与文献内容进行对照，从而更好地印证文献中的造园技法。

目　录

第一章　日本传统造园类型与作庭人

第一节　造园类型概说

造园类型的划分可以依据服务对象、功能、样式、材料等条件。从所有者、服务对象和基本功能角度，日本传统园林可以分为皇家园林、贵族与武家园林、寺社园林、茶庭四大类型。根据营造技法划分，又分为池泉筑山、枯山水、平庭等类型。

皇家园林、贵族武家园林、茶庭属于世俗性的园林类型。皇家园林是最早出现的园林类型，属于皇室所有，占地面积广阔，往往有大面积的池沼水面，园内功能丰富。贵族园林前期以寝殿造园林为主，具有很强的仪式性，后期则趋向于休闲娱乐功能。武家园林则吸收了寝殿造园林的部分特点，在一定程度上强化了武家社会集团的特征。茶庭是为了配合茶会而营造的庭园，是茶道发展到一定阶段的产物，占地面积狭小，往往配置有蹲踞（日本园林中洗手池的一种）、石灯笼、手水钵等庭园道具。茶庭和茶室既可以独立存在，也可以作为较大的贵族园林或者皇家园林的组成部分。寺社园林依附于寺院、神社而存在，其中衍生出的净土园林、枯山水等样式体现了强烈的宗教意味。

无论何种庭园，其样式的变化反映了造园者和园主的趣味，也折射出时代趣味变化的倾向。北村援琴在《築山庭造伝（前编）》的序言中阐述了造园的源流。秋里篱岛在《築山庭造伝（后编）》中阐述了造园与社会背景变化的关系。

《築山庭造伝（前編）序》：

　　追寻造园的原点。在日本，文德天皇南殿的庭园是太政大臣良房公的作品。宇多院的庭园，是昌泰三年①宇多天皇出家迁居亭子院时修建的。该庭是宽平法皇的作品。太政大臣平清盛，在福原(神户)新内里建造的庭园是大藏大辅的作品。御深草院的御子在禅林寺出家，当时在东山山庄修建的庭园，是仁和寺僧人正了遍所作。嵯峨、天龙寺以及西芳寺等的庭园是梦窗国师（疏石）的作品。

　　在天竺，悉多太子在王城生活的时候，为了寻求悟性想要离开那里。当时其父亲（净饭王）为之叹息，为怎样才能防止这种事发生而苦恼。于是在悉多太子居住的官殿四个方向营造了风景。具体来说，东边造了春山，南边造了夏山，西边造了秋山，北边造了冬山。这就是山水庭园的起源。本朝则是鸟羽天皇在边城南边所营造的离宫，四面营造四季之山。但是，时代过去了，只剩下秋山。

　　之后，出现了一个叫相阿弥的人物，传承了自古流传的造园之法，营造了东山慈照院②、大德寺大仙院③等。

《築山庭造伝（后編）》："作庭之事"

　　对于筑山与理水之事，现在很多人都很有兴趣。这样的流行趣味，从过去到现在，以一百零三代天皇世代更替的变化为背景。经过第八代将军足利义政统治的时期，对外关系缓和，诗、和歌、连歌、俳句等文学发展，茶道、能乐等文化也兴盛发达。

　　上杉、细川、山名氏之纷争，引起了应仁之乱(1467—1477)。室町幕府衰退，守护、地头等势力抬头。天下大乱。由此，各种艺术、艺能也开始衰退。

　　德川家康掌权后，有200多年和平时期。没有战争威胁，各种艺术、艺能再次兴盛。游赏之事开始定型。各地有实力者开始营造庭园寺院。复制曾经的名庭，或者有所发展，融入新的审美，新的庭园不断出现。

---

　①　昌泰三年：900 年。
　②　即银阁寺。另有一说，此园为善阿弥所作。
　③　另有一说，此园为古岳宗亘所作。

第二节　皇家园林

皇家园林是出现最早的园林类型，可追溯至飞鸟时代[1]芝耆摩吕营建的朝堂南庭和小垦宫池泉。藤原宫[2]太极殿附近营造有庭园，园中有池沼，以明日香川的河石作为池壁与池底的材料。这些最早的皇家园林，园林的样式为自然式，面积较小，以池泉为主，池边筑有模仿须弥山的石组，具有宗教象征的功能[3]。奈良时代延续了池泉中心的造园手法，且皇家园林的功能趋向娱乐化。平城京东院庭园有曲水和池沼，池底铺设有河石，岸线曲折，岸边有筑山石组。另一处位于左京三条二坊的宫廷园林，园内设有苑池，池边有造型优美的景石，池岸边种植有水生植物。平城宫以北营造有松林苑，苑内有曲水，在此曾举行了文人的曲水流觞活动[4]。南苑与南树苑多次举行宴乐活动，734年还举行了文人七夕赋诗活动[5]。从松林苑、南树苑的名称可以发现，相比较于飞鸟时代，奈良时代的园林更加重视植物栽培和植物色彩的搭配。

京都作为千年之都，不仅皇家园林较为集中，也是除了飞鸟、奈良地区以外，日本皇家园林出现最早的地区之一。京都最早的皇家园林是平安初期离宫嵯峨院（现为大觉寺）和神泉苑，面积较为广阔。嵯峨院为嵯峨天皇所营造，苑内筑堤拦截嵯峨山流出的谷川，形成广阔的大泽池[6]，池北

---

① 飞鸟时代为6世纪末至710年，政治中心为奈良的飞鸟地区。

② 藤原宫是日本最早都城藤原京的宫殿区。

③ 武居二郎等著：《庭園史をあるく—日本・ヨーロッパ編》，京都：昭和堂，1998年，第21、26页。

④ 曲水流觞是起源于中国的文人雅集活动，在农历三月初三举行。活动中文人聚集在曲水两侧，赋诗作对。

⑤ 《庭園史をあるく—日本・ヨーロッパ編》，第27—29页。

⑥ 《庭園史をあるく—日本・ヨーロッパ編》，第30页。

配置有天神岛、菊岛，两岛之间由称为"庭湖石"的筑石相连接，池北留存有称为"名古曾泷"的石组。大泽池据传为模仿中国洞庭湖水景而作[①]（图1-2-1、图1-2-2）。

图 1-2-1　大觉寺
（作者摄）

图 1-2-2　大泽池
（作者摄）

① 小野健吉：《岩波日本庭園辞典》，东京：岩波书店，2004 年，第 49 页。

图 1-2-3 神泉苑
（作者摄）

　　另一处建于平安时代初期的皇家园林为神泉苑。神泉苑位于京都平安宫内里南侧、三条北，以苑内天然泉涌为水源形成广池①，池中筑岛，池北有正殿乾临阁，其左右各有殿阁，向南通过透渡殿②与池边的钓殿相连。池四周有洛中移植来的柳树、樱花③。中世以后，神泉苑逐渐荒废。庆长七年（1602年）德川氏营造二条城，侵占了大部分苑池，风光再也不能恢复至以往（图1-2-3）④。《都林泉名胜图会》中有记载神泉苑的图文。

《都林泉名胜图会》："神泉苑"

　　神泉苑位于二条南、三条北、大宫西、壬生东，占地八町，天子游览之所。正殿为乾临阁。自大内里营造之始，巨势金冈⑤筑山置石，营造了这处占地八

①　《岩波日本庭园辞典》，第153页。
②　透渡殿又称为"透廊"，用于连接寝殿与东西对屋，两侧没有廊壁与窗户。见《岩波日本庭园辞典》第161页。
③　上原敬二编：《都林泉名胜图会》，东京：加岛书店，1975年，第6、8页。
④　林屋辰三郎著，李灈凡译：《京都》，北京：新星出版社，2019年，第10页。
⑤　巨势金冈：活跃于9世纪后半叶，是平安时代前期著名的画师，擅长山水画，形成了"巨势画派"。其监督营造了神泉苑，并常以神泉苑为素材绘制作品，促进了"大和绘"的发展。见叶渭渠著：《日本文化通史》，上海：上海三联书店，2021年，第166页。

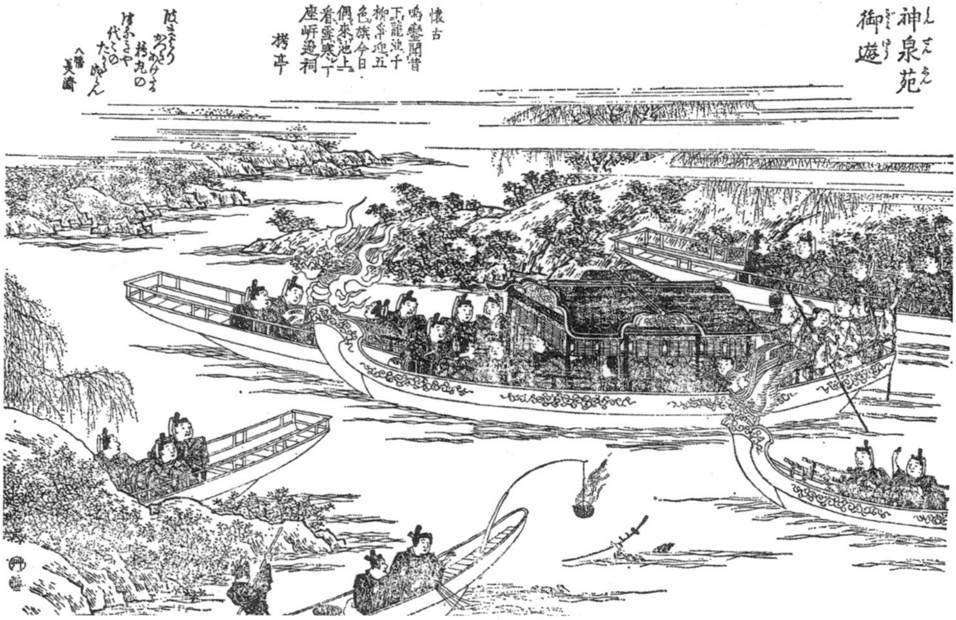

图 1-2-4　神泉苑御游
（引自《都林泉名胜图会》）

町的泉苑，希望能媲美周文王灵囿[1]。善女龙王从苑池中显灵，故以神泉命名。周围种植从京都城内移植来的柳树和樱花树。弘仁三年[2] 如月，天皇御游神泉苑赏花，文人赋诗，自此有了花宴节会。贞观十三年[3] 十一月，凤凰集于乾临阁鸱尾上。另外，神泉苑还举行御灵会。举办当日，苑门大开，城内居民不分贵贱均可出入观摩和听讲。南门泷殿举办菊花宴，人们到宴会上听女乐演奏，或者乘舟至乾临阁前之幄欣赏奏乐，或者至东边瀑布上的桥头与纳言大舍人一起看相扑会。贞观十八年六月，神泉苑内欢送疫神，举办祇园会，初春从真言院将左义长送至此处焚烧[4]，此时神泉苑池被称为法成就池。……除此之外，此地亦为历代天皇行幸之地。然而其间因明德应仁之乱悉毁于兵燹，现仅存林泉。即便如此，这也是大内里千载仅剩的珍贵遗迹（图 1-2-4）。

平安时代中后期，白河上皇在平安京南部沼泽地一带营造有鸟羽离宫。面积曾达到百余町，内部划分为南殿、北殿、泉殿、东殿、田中殿五个区域，各区内均有住所、佛堂和庭园。苑内挖掘有巨大的池沼，池内仿照蓬莱筑岛。离宫毁于南北朝战火，仅存南殿的筑山园[5]。

---

① 灵囿：泛指帝王畜养动物的园林。
② 弘仁三年：812 年。
③ 贞观十三年：871 年。
④ 此为日本祭火节习俗内容。
⑤ 《岩波日本庭园辞典》，第 224、225 页。

图 1-2-5　云林院花见 [1]
（引自《都林泉名胜图会》）

　　另一座皇家园林云林院以赏花活动而闻名。云林院原为皇室离宫，位于京都北部的紫野。天长九年（832 年）淳和天皇巡行此处，命陪同文人作诗。承和十一年（844 年）仁明天皇在此宴请群臣，后将其赐予其子常康亲王作为居所。云林院后来成为敕愿寺，亲王居室变更为本堂，堂内安置有千手观音像，寺内建有宝塔。元亨四年（1324 年）后醍醐天皇将云林院属地赋予大德寺开山祖师大灯国师，成为大德寺子院 [2]（图 1-2-5）。

《都林泉名胜图会》："云林院"

　　紫野位于大宫北方的称号，七野中的一野，延历十四年 [3] 十月天皇曾狩猎于此。云林院位于紫野之地，原为淳和帝的离宫。天长九年 [4]，天皇巡幸紫野，诏命陪同的文人作诗，赐予御制之"和"，此后此地号称云林亭，成为天皇经常巡幸之地。承和十一年 [5] 八月，仁明帝来到此处，赐宴群臣，并以云林院赏赐皇子常康亲王。自此云林院成为皇家宅第。常康亲王后来削发出家，以此地精舍赠予僧正遍昭，云林院成为为天皇祈福的敕愿寺。本堂是亲王的居室，放置了手持法器的千手观音像。空也上人也曾住在这里，定觉阿阇梨也曾常年居

---

①　赏花，多指观赏樱花。
②　《都林泉名胜图会》，第 12 页。
③　延历十四年：795 年。
④　天长九年：832 年。
⑤　承和十一年：844 年。

住于此。根据村上天皇的敕愿，营造了读诵大般若经的宝塔。塔成之日，天皇至云林寺捐赠。永观元年[①]，圆融帝发敕，在云林寺隔壁建造了圆融寺，其退位后一直居住于此。

云林寺里目前还有天皇的坟墓陵寝，陵寝以北三四町左右是常康亲王的坟墓。物换星移，元亨四年[②]，后醍醐天皇将云林寺地块给予了大德寺开山祖师大灯国师，因此云林寺成为大德寺的下院。现在云林寺仅仅是作为佛寺而存在。殿阁彩画中有一部分是狩野探幽、踏雪而作。

保存较好的近世时期（1573—1868）皇家园林有仙洞御所和修学院离宫，这两所园林的建造时间较近，都和江户初期的后水尾上皇（1596—1680）有关。仙洞御所位于京都上京区，是一处以池泉为中心的皇家园林，始建于江户初期，是退位后的天皇居住地。宽永六年（1629年），因反对江户德川幕府政策而退位的后水尾天皇，成为新的上皇。第二年，仙洞御所建筑物完工，上皇迁入此地。同年，仙洞御所北侧营造了东福门院（后水尾上皇的皇后）居住的女院御所，宽永十年（1633年），小崛远州开始营造池泉园。庆应三年（1867年），在其西北侧营造了大宫御所，作为皇太后居住之处（图1-2-6、图1-2-7）。

图1-2-6　仙洞御所的洲岛造景
（作者摄）

---

① 永观元年：983年。
② 元亨四年：1324年。

图 1-2-7　仙洞御所苑池
（作者摄）

　　修学院离宫位于比叡山，此地原为元照寺所在。寺院迁走后，于明历二年（1656年）至万治二年（1659年）改建成后水尾上皇的山庄离宫。建造之初，根据上皇的构想，仅有上、下两个御茶屋（茶室）。宽文八年（1668年）营造了供皇女朱宫光子内亲王的住所，后变更为林丘寺，明治十八年（1885年）被纳入修学院离宫，成为中御茶屋。园内有寿月观、溪流池沼、乐只轩、客殿。浴龙池位于山顶，可供大臣进行舟游，池中有三岛，岛中央的穷邃亭是后水尾上皇创设时期唯一的留存物，另有邻云亭可观赏远方的山景[1]（图 1-2-8、图 1-2-9）。

　　① 大桥治三、齐藤忠一编，黎雪梅译：《日本庭园设计105例》，北京：中国建筑工业出版社，2004年，第138-141页。

图 1-2-8　修学院离宫浴龙池
（作者摄）

图 1-2-9　修学院离宫
（作者摄）

第三节　贵族与武家庭园

贵族的宅邸园林是传统造园的重要组成部分。本书所指的贵族，包括皇族王公、权臣豪强、幕府将军等。平安时代代表性的贵族园林采取"寝殿造"样式，又称为寝殿造园林。"寝殿造"一词来源于天保十三年（1842年）刊行的《家屋杂考》（泽田名垂著），指的是出现于平安时期皇族贵族的住宅样式。供三位以上的高级贵族的寝殿造住宅占地 1 町见方，中心建筑是面南的寝殿①，两边配置配殿"东对"和"西对"②，再往南是泉殿与钓殿。寝殿、东对、西对、泉殿、钓殿通过透渡殿、中门廊构成半"回"字形，中间围合庭园。

广庭位于寝殿南。根据平安时代的造园书《作庭记》记载，为了适应各类仪式和行事，广庭的南北长度一般在 20 米左右。广庭南为池沼，池中有岛屿，岛上架反桥③和平桥④与两岸相连，池南有瀑布和堆山。池东西两侧各有临水的泉殿与钓殿，两殿与中门廊相接。泉殿与钓殿是赏月、纳凉、赏雪的场所，也是舟游登岸之处。池沼的水源来自曲折的"遣水"⑤，自北向南流经中门廊，将园外的水注入池中（图 1-3-1）。典型的寝殿造庭园有东三条殿、高阳院和崛河院等。

中世时期，平安京贵族原有的寝殿造园林开始取消了原有的左右对称

---

①　寝殿正脊东西走向，采用桧皮屋面，主屋三至五间，地面抬高铺设木地板、榻榻米，四周加庇。地面向外伸展出挑台，绕以栏杆。殿内以竹帘、帷幕、屏风分隔空间。

②　东对、西对的走向与寝殿主屋相反，正脊为南北向，悬山屋顶，地板高度低于寝殿主屋。

③　"反桥"即拱桥，主要为木桥，近世后出现了石造的反桥。反桥用于庭园中园池，桥洞下可以行舟。

④　平桥即桥板放平的木桥。

⑤　"遣水"特指寝殿造庭园中的曲水。

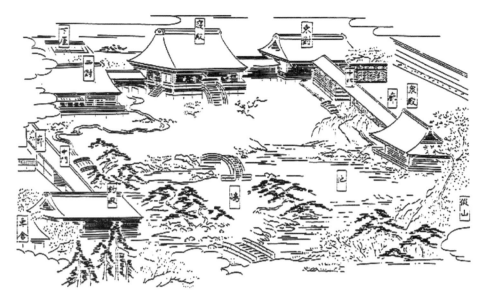

图 1-3-1 《家屋杂考》中的寝殿造图绘
（引自武居二郎等著《庭園史をあるく—日本・ヨーロッパ編》第 33 页）

做法,仪式性空间功能削弱,生活性、私密性特征增强①。武家园林②传承了寝殿造园林的部分样式与风格。庭园空间分化为前庭和内庭，前庭作为接待和仪式的空间，内庭则是观赏的空间。

近世时期贵族住宅建筑最显著的变化是出现了书院造建筑。城郭内领主居住的居馆、御殿，以及京都高级武士阶层的住宅都采取了书院造形式。典型的书院造住宅空间格局包括三个功能空间，即会客空间、生活空间和用人活动空间，会客空间占住宅面积的三分之一，用人活动空间是会客空间和生活空间的联系空间。

标准的武家书院造住宅以长屋③和围墙围合成方形。主要出入口设置于东侧，入内为供宾客留宿的御成御殿，东南有数寄屋④和接待客人的房间，共同构成了会客空间。生活空间位于中心部分,主人生活起居的包括御寝所、对面所和书院。夫人生活的房间称为"御上方"，位于西侧。北侧布置厨房、仓库等建筑，西南侧布置用人浴室、仓库等建筑，构成用人活动空间。

---

① 《庭園史をあるく—日本・ヨーロッパ編》，第 70、71 页。
② 武家即武士集团，与公家（平安京的文官统治集团）相对应。武家园林是武士集团中上层武士的住宅庭园。从镰仓幕府时期开始，皇室和公家的权力因为武士集团的崛起而受到很大的削弱。
③ 长屋为家臣居住的建筑。
④ "数寄屋"即茶室建筑。

书院造建筑主殿朝东，主入口位于东北角，入口门厅称为"色代"或者"式台"。内部大量使用推拉门对空间进行隔断，形成了"上段之间""纳户"等空间。"上段之间"是宾主就座之处，"纳户"是用于休憩的卧室，两者之间以"帐台构"推拉门隔离。室内配置有固定的装饰物和小空间"违棚""床之间"[①]。

幕府时期，以书院造庭园为代表的园林空间性质发生了改变。尽管将军、大名和高级武士的住宅还兼有会客、仪式、礼仪等作用，但是这些功能大多不在室外，而是在专门的建筑里完成。庭园附属于主要建筑，不再像寝殿造园林那样承担世俗仪式功能，园林的布局和造型是以建筑里的某一视点为中心展开，在构图上通过土坡、植被、砾石形成远、中、近景观层次和高低起伏变化。建筑中的位置关系代表着主次尊卑的社会关系，根据位置不同，视点可以分为主视点和次视点，分别对应不同等级的景观立面。近世出现了较有代表性的贵族书院造庭园有桂离宫、二条城二之丸庭园等，其特点是占地广阔、以池泉为中心、置石雄伟复杂、植被丰富，园内活动较为丰富。

桂离宫位于京都右京区，附近是京都的名胜桂川和岚山，景致优美。天正年间，后阳成天皇的弟弟智仁亲王（1579—1629）在此营造了桂山庄。元和五年（1619年），在智仁亲王的监督下，桂山庄的茶室完工，开始使用。其子智忠亲王于宽永十九年（1642年）成婚，继续扩建桂山庄。宽文二年（1662年），营造出了桂山庄的池泉园林。园林以桂穗墙围合，以巨大的池沼为中心，池四周分布着复杂而优美的洲滨，并环绕曲折的园路，园路串联起池四周的茶室、御殿和观景点。池沼西岸坐落有园内规模最大的建筑群，包括月波楼、古书院、新书院、新御殿，构成了雁形建筑格局（图1-3-2）[②]。

二条城是德川幕府机构在京都的驻扎地，始建于庆长五年（1600年）。庆长八年（1603年）完工后，德川家康从伏见城移居至此。宽永三年（1626年），为迎接后水尾天皇巡幸，营造了大规模的二之丸书院式池泉园。池东岸是著名的建筑大广间和黑书院，池南是御幸御殿。御幸御殿是为了迎接后水尾天皇巡幸而建，宽永五年（1628年）移建至仙洞御所。二之丸庭园采用了"一池三岛"的做法。池中中岛又称为蓬莱岛，面积最大。中岛北有龟岛，南有鹤岛，龟岛与中岛距离较近。池中有三桥，一座位于龟岛和蓬莱岛之间，一座架于蓬莱岛与西岸之间，池沼西南角架设有一座大石桥。池沼西北角有筑山，营造有两段式瀑布（图1-3-3～图1-3-5）。

---

① 太田博太郎编：《日本建筑史序说》，上海：同济大学出版社，2016年，第143-145页。
② 《日本庭园设计105例》，第132页。

图 1-3-2　桂离宫书院
（作者摄）

图 1-3-3　二条城二之丸庭园池沼
（作者摄）

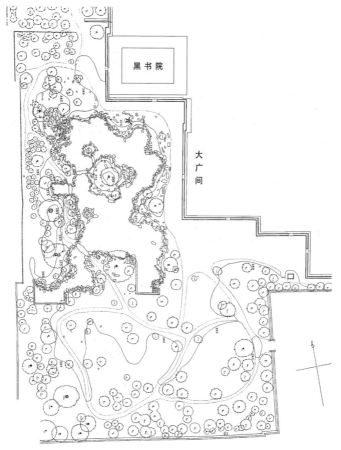

图1-3-4　二条城二之丸庭园平面示意图
（园林部分引自《日本有名庭园实测图集》）

早期的寝殿造园林具有仪式功能。随着时代发展，贵族庭园的仪式功能大大弱化，休闲、观景功能为主。

《都林泉名胜图会》："七夕蹴鞠"

蹴鞠之戏于用明天皇之时自大唐传来，众臣下于圣德太子之前嬉戏以解其无聊。之后，文武天皇大宝年间，专戏于内庭。蹴鞠之神为近江志贺郡松本精大明神，神体为猿田彦命的祭祀幸神，蹴鞠之戏一开始在京都桂宫流行。此后，后鸟羽上皇将此道赐予臣下。按惯例在七夕之日，于飞鸟井与难波两家进行蹴鞠比赛，今称之为【梶鞠】，后又加入云上家。各门下客亦有参与。书院橡侧用各色鞠球装饰，鞠庭四周有四棵苍松，参赛者身着规制内色彩的礼服，三三两两高矮不一，伴随着木屐的声音与斜阳的余影，可谓都城里的一大景观。鞠庭中种植有移栽来的樱柳，春日如锦（图1-3-6）。

图 1-3-5　二条城二之丸书院庭园
（作者摄，从书院观赏庭园）

图 1-3-6　《七夕蹴鞠》
（引自《都林泉名胜图会》）

第四节　寺社庭园

寺社庭园依附于佛教寺院和神社而存在，数量庞大，营造技艺精湛，是日本传统造园的主体。钦明十三年（552年），百济明王进献释迦金铜佛像和经论、幡盖若干，此为佛教东传入日本之始[①]。随着佛教净土信仰的传播，出现了以表现净土思想为目的的寺院庭园——净土式庭园。天平宝字五年（761年），为祭奠光明皇太后而营造的法华寺阿弥陀净土院是最早的净土庭园[②]。早期净土庭院是在金堂和阿弥陀堂前凿池植莲。平安中期由于受末法思想影响，净土庭园在形式上开始模仿净土曼荼罗的空间构成。这一时期的净土庭园，具有中池、中岛的"向心性"，往往沿中轴从南向北一般布置池、岛、桥、金堂、讲堂。伽蓝配置法度和空间秩序更为严谨，轴线感强烈，参拜的方位感明确，池岸则采用了寝殿造园林的曲线式样。廊庑与建筑形成多重围合性空间，形成内闭的庭园空间。很明显，净土园林在形式上同时受到寝殿造庭园和净土曼荼罗空间影响，其实质则是佛教净土世界的象征。

法成寺是早期最有代表性的净土园林。宽仁四年（1020年），藤原道长在平安京其宅邸土御门殿旁边营造了九体阿弥陀堂，又称为无量寿院，后更名为法成寺。在阿弥陀堂旁边陆续营造了钟楼、金堂、五大堂、释迦堂、塔、讲堂等建筑，天喜六年（1058年）寺院烧毁后重建。法成寺伽蓝配置基本为中轴对称与向心式，寺院整体呈方形。金堂位于水池北，坐北朝南，两侧分别有十斋堂和五大堂。阿弥陀堂位于池西，坐西朝东，其南为法华堂。药师堂位于池东，与阿弥陀堂隔水池相望。塔坐落于池东南。

---

① 村上专精：《日本佛教史纲》，北京：商务印书馆，1999年，第10页。
② 《岩波日本庭園辞典》，第145页。

金堂、十斋堂、五大堂、阿弥陀堂、法华堂、药师堂通过回廊连接，回廊从北、东、西三面围合池沼。金堂以北为讲堂，讲堂前有钟楼、经藏，以回廊相接。雕刻名师定朝制作了金堂大日如来雕像和五大堂的五大尊像。

藤原道长之子藤原赖通于永承七年（1052年）改修宇治殿而成的平等院，是留存至今的净土庭园[①]。平等院位于与京都市毗邻的宇治市，在园池西部的中岛上建造了一座朝东的阿弥陀堂，包括中堂、翼廊、翼楼，模仿了极乐净土曼荼罗佛殿形式，堂中安置有阿弥陀佛像，装饰豪华，寓意来世极乐净土。中堂为重檐入母屋造，面阔三间，进深两间，四周有副阶，两侧翼廊高两层，转角处与宝形造楼阁相接，翼廊向前伸出，廊端与切妻造翼楼相接[②]。中堂后有尾廊，屋脊上架有青铜二凤，建筑造型宛如展翅而飞的凤凰。堂中置有定朝所制作的丈六阿弥陀坐像，内柱上绘有唐草纹样，墙壁上绘有云纹，其中多菩萨木雕，门扉板壁上绘有九品说相图、极乐曼荼罗图，装饰工艺精湛，色彩绚丽。池岸采用洲滨形态（图1-4-1~图1-4-3）[③]。

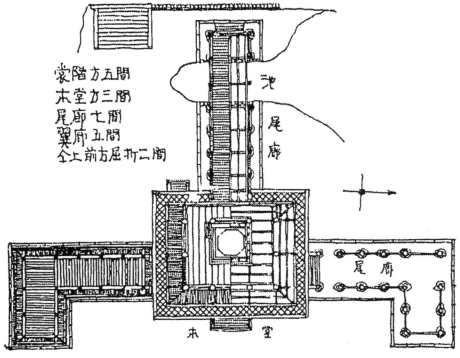

图1-4-1　凤凰堂平面图
（引自增山新平《日本寺社古建筑鉴识资料》）

①　《岩波日本庭园辞典》，第363页。
②　关野贞著，路秉杰译：《日本建筑史精要》，上海：同济大学出版社，2012年，第78页。
③　日本建筑学会编：《日本建筑史图集》，2版，东京：彰国社，2007年，第139-140页。

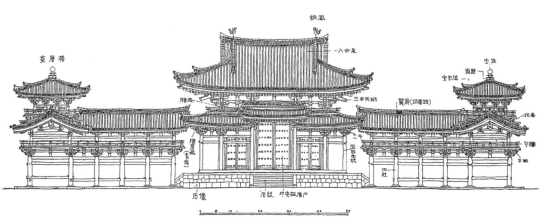

图 1-4-2 平等院凤凰堂正立面图
（引自增山新平《日本寺社古建筑鉴识资料》）

图 1-4-3 平等院凤凰堂
（作者摄）

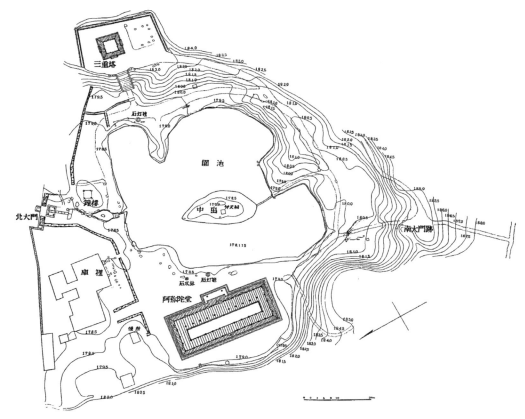

图 1-4-4 净琉璃寺平面图
（引自《日本有名庭园实测图集》）

京都净琉璃寺建于永承年间（1046—1053），为义明上人开创。嘉承二年（1107 年）始建本堂用于放置定朝制作的阿弥陀如来像。惠信僧正于保元二年（1157 年）营造了池泉庭园，池西布置阿弥陀堂，池东布置三重塔[①]。阿弥陀堂面阔九间、进深两间，内置巨大的佛坛，其上置有九体阿弥陀佛像，四周抱厦（图 1-4-4）[②]。

荣西禅师（千光国师，号明庵）于 1168 年、1187 年两度入宋学习佛法，将中国禅宗传到日本，开创了日本禅宗。此后由于宋元更替，一些宋朝禅宗僧人避祸至日本，推动了日本禅宗的发展[③]。禅宗寺院大量出现。寺院主要殿堂周围有附院，称为"塔头"。早期的塔头主要是守墓、守塔弟子的居所，后来逐渐具备了客殿、佛堂、僧众住所的复合功能，往往附带有精

① 《岩波日本庭园辞典》，第 147 页。
② 《日本庭园设计 105 例》，第 40 页。
③ 《日本佛教史纲》，第 175 页。

美的庭园[①]。禅宗寺院内的庭园以表现禅宗思想为基本内容,同时受到中国北宋山水画艺术的影响,从而衍生出了"枯山水"的庭园形式。

日本最早的平安时代造园书《作庭记》中记载,在无池无流水的地方立石,称为枯山水,实际上是指当时平安京寝殿造庭园中,在离池沼和遣水较远的地方配置的石组。如此,这种寝殿造园林的局部构建手法不断延续,在室町时代中期形成了日本园林的固有样式,即不做池沼和流水,而是以石组为主体,运用沙砾、植被营造出象征自然山水的空间[②]。

禅宗讲究静修,禅宗寺院往往避开喧嚣的城市,选择营造在山野环境中,将优美的自然风景纳入修行者的视野之中,建筑物也趋向于朴素无华[③]。禅宗寺院中,因居住空间狭小,无法引水造园,因此在小空间里往往营造枯山水庭园。京都的禅宗寺院中,出现了较多的枯山水庭园。

枯山水造景主要受到中国宋代山水画的影响,形成了"咫尺千里"与"残山剩水"两大核心思想。北宋山水画代表作,如范宽的《雪景寒林图》《溪山行旅图》,李成的《晴峦萧寺图》,王希孟的《千里江山图》等,气势磅礴,擅长全景式地描绘自然景物,在有限的画面空间浓缩了名山巨川风景。这种创作手法影响、形成了枯山水中的"咫尺千里"意象,即在限定的空间表现云海与名山。南宋时期山水画一改北宋全景构图的特点,重点关注自然界的某一局部。12世纪后半叶南宋画家马远确立了这一画法,在画面中取自然景物一角,通过关联暗示画面外的景观。这种手法形成了枯山水中的"残山剩水"(图1-4-5~图1-4-7)。

枯山水在空间环境上没有轴线、内外的空间秩序,往往以某一固定的位置为观赏点,围绕观赏点展现精致的庭园空间,属于"坐观式"构造,又体现出山水画的美学特征。京都寺院庭园中大量采用枯山水手法,较有名的有大德寺龙源院与瑞峰院、西芳寺、龙安寺方丈庭院是枯山水的代表作。

大德寺龙源院庭园围绕方丈(寺院中住持或长老居住的地方)而建,包括"滹沱底"、龙吟庭、"东滴壶"。"滹沱底"其名源于临济宗的发源地——中国河北镇州(今河北正定县)滹沱河。庭中石组据称来自丰臣秀吉的聚乐第(图1-4-8)。"东滴壶"位于方丈东侧,夹在方丈与库里之间,是日本最小的枯山水庭园。庭中以石组和砂石波纹表示水滴入水,汇入江河大海。方丈南庭又称为"一枝坦",其名是为了纪念实传和尚赐予东溪

---

① 《日本建筑史图集》,第144页。

② 《岩波日本庭园辞典》,第71页。

③ 张十庆:《中日古代建筑大木技术的源流与变迁》,2版,天津:天津大学出版社,2006年,第24-32页。

图 1-4-5 《雪景寒林图》
（宋）范宽

图 1-4-6 《晴峦萧寺图》局部
（宋） 李成

图 1-4-7 《柳岸远山图》
（南宋） 马远

图 1-4-8　大德寺枯山水砂石
（作者摄）

禅师的"灵山一枝轩"室号。庭内曾经生长有一株产于中国、树龄七百余年的山茶花"杨贵妃"，可惜于昭和五十五年（1980年）春天枯死。"一枝坦"是枯山水庭园，以白砂耙出波纹，砂中置有龟岛、鹤岛和蓬莱山三石组。龙吟庭位于方丈北侧，据传为相阿弥所作，以三尊石构成须弥山，山前有遥拜石，以青苔象征大海。

　　瑞峰院中的方丈建于天文四年（1535年），与唐门、表门一起均为室町时代禅宗方丈建筑遗迹。方丈前庭园称为"独坐庭"，取百丈禅师独坐大雄峰之意，以石组表现蓬莱山，以波纹砂象征大海。

　　西芳寺位于京都西部，飞鸟时代曾经是圣德太子的别墅地。奈良时代，圣武天皇下诏在此创设法相宗寺院。平安时代，弘法大师曾居住于此。镰仓时期初期，法然上人将寺院改为净土宗，后因战乱而荒废。历应二年（1339年），梦窗疏石将其改为禅宗寺院。室町时期，来此参禅者甚多，西芳寺成为金阁寺、银阁寺等室町时期园林的原型之一。枯山水位于山坡上，名为"洪隐山枯瀑石组"，为历应二年（1339年）梦窗疏石所创，是日本现存最古老的枯山水石组。寺院境内覆盖有遍地青苔，故又称"苔庭"。

图 1-4-9　赤山社
（引自《都林泉名胜图会》，作者修正底图）

龙安寺方丈南庭据传为相阿弥所造，是以砂、石为主的枯山水庭园。庭园面积约 300 平方米，西侧与南侧以筑地塀围合。当年细川胜元为了能够更好地眺望八幡神社，没有在园内种树。庭园地面全部铺满白色细砂，细砂上放置有五组共计十五块景石①。石组的方位、形态与组合蕴含奇妙的关系。龙安寺石庭表现的为大海中浮现的岛屿，被誉为"洛北名庭第一"。

神社是日本本土宗教设施。神社具有附属的园林环境，往往具有一定的社会功能。《都林泉名胜图会》中有一段描绘赤山神社园林景观和下鸭神社园林环境中"糺纳凉"活动的条文，摘录如下：

《都林泉名胜图会》："赤山社"
赤山神祠位于修学院村北侧，按照安惠慈觉大师之命建造。社前林泉玲珑精巧，官府多有整治，使得神殿之景更加壮丽（图 1-4-9）。

《都林泉名胜图会》："糺纳凉"
糺纳凉是指从农历六月十九日至三十日在下鸭神社前的御手洗川畔神木树荫之下设置茶店，百姓在此游宴避暑。商贩们售卖在云井於社的清泉里冰上

---

① 《岩波日本庭園辞典》，第 314 页。

图 1-4-10　糺纳凉
（引自《都林泉名胜图会》，作者修正底图）

的甜瓜、心太①和用竹签儿串着的御手洗团子②。上贺茂有申乐③演艺活动，林间传来的笛、鼓声，让人更觉清凉无比。夏火秋金，火克金而不能相生，所以神社的法事之一便为祛厄，称之为"夏越之祓"④。下鸭神社称为御祖神社，上贺茂神社称为别雷神社。延历四年⑤十一月朝廷有诏命授其有爱宕郡十户。弘仁十年⑥三月诏命准其中祀⑦，大政官的诏令中也有承和十一年⑧冬为了祭祀而禁止污染神社旁的河水，以及明令神社四至之具体事宜。《文德实录》中记载有仁寿二年⑨七月奉币祈雨的当日即有天降甘霖之事。天庆五年⑩四月，天皇首次巡幸此地。还有，大政官通告和《野府记》中记载了以爱宕郡中的贺茂、小野、锦部、大野四个乡作为神社之田之事（图 1-4-10）。

---

　　① 　心太：食物，类似于凉粉。
　　② 　御手洗团子：日本点心，涂有酱油的糯米丸子。
　　③ 　申乐：又名猿乐或散乐，是一种传统演艺活动。明治时代（1868—1912）以后，总称为能乐。
　　④ 　指在神社举行的去除污秽、祈祷健康、消除灾祸的传统仪式。最早见于《古事记》中记载伊邪那岐在筑紫日向国（现在的九州岛）桔小门举行的被禊仪式。见《日本文化通史》，第 38 页。
　　⑤ 　延历四年：785 年。
　　⑥ 　弘仁十年：819 年。
　　⑦ 　从祭祀前三天开始沐浴斋戒。
　　⑧ 　承和十一年：844 年。
　　⑨ 　仁寿二年：852 年。
　　⑩ 　天庆五年：942 年。

第五节　传统庭园的作庭人

有记载以来最早的日本庭园作庭人是芝耆摩吕，其人名路子工，生卒年不详，飞鸟时代自百济来日。根据《日本书记》记载，芝耆摩吕有筑山之才，营造了小垦田宫南庭的吴桥与须弥山石组。

近代以前，京都庭园的作庭人主要是僧人。作庭之法也在寺院体系中流传。早在平安时代开始，寺院园林数量激增，寺院中出现了以作庭为职业的僧侣，称为"石立僧"，如负责法金刚院庭园营造的德大寺法眼静意、伊势房林贤等。尤其以仁和寺系统的石立僧较多。主要的作庭人与作品如下：

橘俊纲（1028—1094），藤原赖通的三子、橘俊远的养子，据传为《作庭记》著者，参与过伏见殿等多处寝殿造园林营造。

梦窗疏石（1275—1351），镰仓时代末期至室町时代初期临济宗禅僧，生于伊势国（现在的三重县），是宇多天皇九世孙，跟随建仁寺无隐禅师等高僧学禅。此后云游各地，先后创建精舍寺院有净居寺、龙山寺、虎溪寺、吸江寺、瑞泉寺、慧林寺、临川寺等。梦窗疏石被后醍醐天皇赠予国师称号，曾居住于京都南禅寺、西芳寺，并成为天龙寺开山祖师。梦窗疏石主持了西芳寺庭园、天龙寺庭园、瑞泉寺庭园的造园，推动了室町时代枯山水样式的确立[1]。

善阿弥[2]（1386—1482），山水河原者[3]，精于造园，曾受到室町幕府第

---

① 《日本佛教史纲》，第 193 页。
② 室町时代，将军与贵族身旁，擅长美术品鉴定、仪式装饰、能乐、茶道、花道、作庭的僧人，以"阿弥"为号。非僧人则称为"同朋众"。
③ 河原者是室町时代的一个等级较低的阶层，其中从事作庭和修剪盆景的人称为山水河原者。

八代将军、东山文化开创者足利义政（1436—1490）的重用，被誉为"泉石妙手"。负责京都室町殿庭园、相国寺荫凉轩庭园的营造，以及奈良旧大乘院庭园改修。

古岳宗亘（1465—1548），临济宗僧人，大德寺第 76 代主持，精通茶道，创建大德寺大仙院枯山水庭园。

千利休（1522—1591），一代茶道宗师。千利休本姓田中，早先拜于东山流的北向道陈门下学习茶道，后随武野绍鸥学茶，跟随大德寺笑岭禅师修禅。曾先后作为织田信长、丰臣秀吉的茶道师父。天正十三年（1585 年）九月七日，丰臣秀吉在京都御所举行黄金茶会，向正亲町天皇献茶时被赐予居士名号，此后号"利休居士"。采用草庵风茶室，倡导露地使用常绿植被，反对人为的、华丽的风格。

义演准后（1558—1626），醍醐寺第八十代主持，所记的《义演准后日记》是近世重要史料。负责指导监督醍醐寺三宝院蓬莱岛的改造、泷的修建、架设园桥等庭园工程。

贤庭，山水河原者，安土桃山时代至江户初期的庭园师，曾在义演准后指导下参与醍醐寺三宝院庭园作庭，负责三段泷的筑造。还曾参与南禅院塔头金地院庭园作庭。

小堀远州（1579—1647），江户初期的大名，本名政一，号孤篷庵，曾任远州守，故称远州。著名建筑家、造园家、茶道宗师。主持仙洞御所庭园、明正院御所、二条城二之丸庭园、南禅寺金地院庭园的设计与施工，晚年隐居于京都孤篷庵，孤篷庵庭园也是其代表作。

玉渊坊，江户时代初期莲宗妙莲寺的僧人，作庭家，曾与小堀远州异母弟小堀正春一起作庭，曾参与桂离宫庭园的营造。

石川丈山（1583—1672），涉成园作庭人。

东睦和尚（？—1828），著有《筑山染指录》，文明十六年（1484 年）创建妙心寺塔头东海庵，并主持了东海庵庭园的设计建造。东海庵庭园分为三处，其中的书院庭园称为"东海一连庭"，属于枯山水样式。

第二章　传统造园文献

第一节　造园古籍的系谱

所谓造园古书，是近代之前记载造园理念、技法、形式、案例的书籍。当某地域园林营造发展到一定阶段，势必会形成定型化的造园技法模式。这些造园模式、技法等通过园林书流传下来，久而久之，这些园林书成为我们审视、学习古人造园的基本材料载体。当然，园林古书的价值不仅仅作为学习古代园林技法与理念的工具，作为历史产物和历史的记录，其本身具有文献价值。有的园林古书编排精美、插图水平极高，也具有很好的艺术价值。

本节所指日本的造园古书，是近代之前所著述、流传的，以记录、传播日本园林技法和理念为内容的书籍，包括各类写本和刊本。据统计，平安时代（794—1192）至江户时代（1603—1868），包含各类写本，流传下来的约为 29 种 200 册。江户时代之前的造园书数量较少，有《作庭记》《山水并野形图》《嵯峨流庭古法秘传之书》和《童子口传书》四种。

日本园林最早可追溯至飞鸟时代的池泉式皇家园林以及藤原宫、平城京（奈良）东院庭园。迁都平安京（京都）后，由于生产力发展、气候和环境适宜，造园活动逐渐增多。这一时期除了皇家园林以外，出现了贵族阶层的寝殿造园林。日本最早的造园书《作庭记》编纂于平安时代中期（约11 世纪中），编者据传为藤原赖道庶子橘俊纲，其内容主要围绕寝殿造园林，涉及立石要旨、岛姿、瀑布、遣水、禁忌、树、泉等事项。书中无图，仅有文字。该书在镰仓时代称为《前栽秘抄》，一直收藏于藤原氏，近世时期收藏于加贺前田家。江户时代该书以《作庭记》为名，收录于塙保己一所编的《群书类从》^①而广为人知。另有成书于十三世纪的《山水抄》，庆算编纂，书中重新编排了《作庭记》的目次内容，增加了作者自己的一些见解。

平安时期，净土宗、天台宗等佛教流派在京都及周边营造了较多的寺院。寺院庭园营造成为秘传之法。室町时代（1336—1573），禅宗寺院继续发展，产生了枯山水等做法。贵族住宅空间功能进一步分化，导致庭园功能和空间不断完善，庭园模式和技法逐渐定型。《山水并野形图》成书于文正元年（1466 年），是京都仁和寺心莲院所传的造园秘传书，原著者是增圆僧正。书中包括阴阳五行、神仙思想等造园理念与禁忌、池沼形态与深度、植栽配置等内容。这一时期产生的《童子^②口传书》，除了关于寝殿造园林，禁忌的记载也较多。

室町时代产生的《嵯峨流庭古法秘传之书》，具体作者不明。嵯峨流原为花道之名，以嵯峨天皇为祖师，自京都大觉寺派生流传。作为日本造园流派之一的嵯峨流，显然与京都嵯峨的禅宗寺院有较多关联。该书实际上综合了前述《作庭记》《山水并野形图》的内容，并结合了室町时代京都造园理念与技法。该书内容主要围绕池泉园的筑山理水之法而展开。书中记有 57 种园石的名称与位置，将园林形态分为"真·行·草"三个类型，附有"真的真体""真的草体""行的体""行的草体""草的体""草的草体""九字心石居样""横竖外石""吕律体""庭坪地形"诸样式图^③。

江户时代，幕府大力推行礼教文化政治，儒家、神道教、佛教成为三大精神支柱。经济上，江户、大阪、京都发展成为规模最大的城市，盛行庶民文化。因造园风气兴盛，书院造、池泉园、茶庭的营造日益增多，对造园书的需求强劲。这一时期，复制、复写、改写前代秘传造园书渐成风气。如《嵯峨流庭古法秘传之书》的抄本比较多，以《庭造秘传书》《故园山水记》《造庭法》《筑山山水图》等名字流传。其他造园书，如《筑山山水传》等，多是在前述造园古书内容的基础上发展而成。

《筑山山水传》，又名《相阿弥筑山山水传》，刊本，作者不明，江户时代作庭书。其内容主要围绕筑山理水，尤其是石组的配置手法与配石的位置名称等，以及桥、岛、植被的种类与位置等。书中配有插图，包括"行

---

① 以收录江户时代之前的国书为主要内容的大型丛书，包括正编 1276 种 665 册，续编 2128 种 1185 册。《作庭记》收录于《游戏部》中。

② 童子是为僧众服务的杂役。《京都》，第 86 页。

③ 三浦彩子，铃木里加：《〈嵯峨流庭古法秘伝之書〉の異本に関する研究》，日本建筑学会计画系论文集，2011，76（670），第 2449–2455 页。

山水立石图"、"庭坪地形图"、"行中草山水图"、"行草山水"、"草山水图"、"九字十字图"等，其内容与之前秘传造园书重复较多。

《座敷庭石山水传》成书于宽文十年（1670 年），作者不明。书中有关于石的说明，并记载了树木、置石、泷的方向等内容。

《余景作庭图》，菱川师宣绘图，延宝八年（1680）刊行，以文配图，内容包括：并木庭、芝庭、唐样庭、庭笼庭、蓬莱庭、蹴鞠庭、初濑樱花庭、音羽泷庭、隅田川庭、春庭、赤壁麓庭、菊水庭、朝日山庭、四季花段庭、枯木森庭、清风庭、矶驯山庭、苏铁庭、岩屋泷、相生庭[①]。图中呈现了 17 世纪日本庭园的类型、营造方式和人们在园林中的活动（图 2-1-1、图 2-1-2）。

宝永元年（1704 年）成书的《筑山根元书》，作者不明，内容涉及石组、筑山、瀑布、植栽，书中否定了"真·行·草"的庭园格式分类。

在江户时代诸多造园书中，北村援琴（生卒年不明）所著的《筑山庭造传》影响较大。该书于享保二十年（1735 年）刊行于京都，原书以《筑山庭造传》为名，但因秋里篱岛著有同名书，故称为"前编"，秋里篱岛之书称为"后编"。书中记载了诸多造园风格图式与立石、植栽等营造要点，成为当时重要的造园参考书。

长阪石醉所著、江户时代成书的《镰田庭云流岩组》，其内容是关于庭云流石组造园诸法。另有镰田庭云所绘《镰田庭云流岩组图》卷轴，通过图绘呈现镰田庭云流的风格。长阪石醉所著，于宽政四年（1792 年）成书的《庭造初段之传》，内容涉及二神石、嵯峨流三石、庭云流三石、平庭等置石营造之法，书中表达了对山水的喜爱之情。

《秘书庭之石》，松俤子著，享保十八年（1733 年）成书，以和歌形式呈现石、岛、浜、飞石的名称与造园要义。

《庭坪筑形传》，著者不明，元文二年（1737 年）成书，内容包括山水、植栽、地形、石组，与《嵯峨流庭古法秘传之书》接近。

《庭山秘传记》，著者不明，成书于宽政二年（1790 年），内容包括庭园起源、石、植栽、五行之事。

明和六年（1769 年）成图的《庭石置样传》，1 卷，48.5 厘米 × 79 厘米，彩色，图画内容呈现池泉筑山的位置关系。

安永八年（1779 年）成书的《筑山秘书》，内容包括泷、石、中岛、池形和植栽、凶吉禁忌等，附有春夏秋冬庭图。

宽政九年（1797 年）写本《梦窗流治庭》，内容与之前刊行的《筑山

---

① 上原敬二编：《余景作り庭の图·他三古书》，东京：加岛书店，1975 年，第 1 页。

图 2-1-1　江户时期 "初濑樱花庭"
（引自《余景作庭图》）

图 2-1-2　江户时期 "四季花段庭"
（引自《余景作庭图》）

庭造伝（前编）》较为类似。书中汉字序文指出造园之法应师法自然，并引孔子之言 "仁者乐山、智者乐水"，提出以小空间的园林营造为乐趣。书中内容包括庭园中各类配石的名称位置和意味、桥的名称和位置、作庭要旨、平庭做法、理水、池形、植被、筑山要旨、茶庭营造之法、手水钵、石灯笼、造庭真行草、禁忌等[①]。

　　同年刊行的《筑山染指录》为东睦和尚（？—1828）所书。书共分三卷，

① 《余景作り庭の図・他三古書》，第50、51页。

内容涉及总论、石、石组、树木、灯笼、手水钵、飞石、桥、垣、露地等。东睦和尚后来主持了妙心寺东海庵书院庭园的营造。

秋里篱岛（生卒年不详）活跃于江户时代安永至文政年间，有大量的读本、游记、随笔流传于世，尤其擅长以"名所图会"[①]的方式对名所景点和园林进行解读。安永九年（1780年）作《都名所图会》，此后先后著述《摄津名所图会》《大和名所图会》《东海道名所图会》。

秋里篱岛不是专业造园家，但是其著述《都林泉名胜图会》《石组园生八重垣传》《筑山庭造传（后编）》等与造园关系密切，体现了其对园林的热爱之心。宽永十一年（1634年）所作《都林泉名胜图会》，收录大量的京都庭园资料图。在造园技法方面，秋里篱岛著有《石组园生八重垣传》和《筑山庭造传（后编）》，对江户时代园林营造起到一定的作用。

《石组园生八重垣传》刊行于文政十年（1827年），以图文并茂的方式解说石组、垣、庭门、飞石、桥、延段园林诸要素，其中收录了较多的垣图。《筑山庭造传（后编）》刊行于文政十一年（1828年），包括上中下三卷。上卷提出将庭园分为筑山、平庭两大类，再各分为"真·行·草"三细类，增加茶庭露地的类别，以图呈现各类园林样式并附有文字解说。中卷聚焦于小庭园，介绍书院园、露地的手法，以及手水钵及各类庭园装置，配"中潜庭之图""殿中庭之图""花月庵之庭图"等。下卷解读各地庭园案例，配置庭院图。该书问世以后，影响巨大，很快成为江户时代的造园参考书[②]。

茶庭的营造技法，一般见诸前述庭园书中，然而内容较少。江户时代的专门性的茶庭营造书，以《诸国茶庭名迹图会》《露地听书》为代表。

《古今茶道全书》，红染山鹿庵撰于元禄七年（1694年），现存第五卷记载了室町末期至江户时代的露地和书院庭园，含园图四十九张。江户时代中期的《诸国茶庭名迹图会》，内容取自《古今茶道全书》中关于茶庭的部分内容，其中含有千利休、古田织部、小堀远州所造露地的插图和解说[③]。

《露地听书》，江户时代露地的参考书，作者不明。其内容取自1665年成书的《石州三百条》[④]等茶道书露地相关内容。书中包括茶道总论、露地构成、飞石、踏石、中潜石、石段、石灯笼、手水钵等内容[⑤]。

---

① "名所图会"以记录名所旧迹、神社佛阁以及地方物产等为主要内容，多以插图为主，配以文字说明。
② 《都林泉名胜图会》，第1页。
③ 飞田范夫：《造園古書の系譜》，造園杂誌，1983，47（5），第49-54页。
④ 总结从千利休至片桐石州（又名片桐贞昌）的茶道之法的茶道书，17世纪末期面世，共三卷五册。
⑤ 上原敬二编：《南坊录拔萃·露地听书》，东京：加岛书店，1975年。

第二节 《筑山庭造伝》

根据昭和五十年（1975年）加岛书店刊行、上原敬二主编的《造园古书丛书》可知,北村援琴的《筑山庭造伝(前编)》刊行于享保二十年（1735年）、原书为和制本,纵26厘米,横18厘米,木版印刷,毛笔行草体书写。全书分上、中、下三卷,上卷三十五页,中卷二十五页,下卷二十三页。上卷仅有句号,中下卷无标点符号。

上卷内容包括：山水法式、三忌五祸石事、二祥三吉、主空间花木、蓬莱岛桥、植被移植、冬木枯木、平野之事、山水远近、筑山的要点、造园的表现、风景写生、地形、立石与植栽、瀑布、泷副石、蓬莱山、二神石、架桥、泷口石、水吐、河石、客人岛石、主人岛石、礼拜石、山石之名、上座石、桥挟石、水际石、石名与位置、溪间植被、草木适宜之地、旱田、九字立石、横竖副石、上座石秘事、吕律立石、真之山水配佛菩萨名、九品顺序、佛陀菩萨之名、五大配当、造园心得、庭园的方位和性格、相生相克、叠石、山水气象体、营造远景、茶庭、无水之庭、石灯笼、大型立石调整、泉水中养鱼、养金鱼、杉苔、植松、枯松重生法、石灯笼与手洗钵、嫁接、催花、除虫、放蛙、地形之图、石灯笼图、手洗钵图等。

中卷列出了十六种风格体的版画图绘,以及安芸国严岛钵山之景、桥头植被、飞泉障木、池边树木、种植要点、庭园排水、露路门柱、土壤、地形、庭园差异性等内容。

下卷列出二十五种庭园风格类型的版画图绘,阐述了造园施工过程、庭园主客之位、垣与植树、灯笼旁的植树、钵请树等内容（风格体图绘见第三章第一节）。

跋文为藤井慎齐所写,赞扬了北村援琴对山水林泉的追求,以及写作此书的意义。

文政十二年（1829 年），秋里篱岛在游历京都、大阪之地名园之后，出版了《築山庭造伝（后编）》。全书正文包括上、中、下卷，前面有庭造传序和凡例。书中以图示和解说的方式，夹杂大量的实例，蕴含了各类庭园的营造技法和思想等内容。

上卷包括：真之筑山全图、真之筑山营造、行之筑山全图、行之筑山营造、草之筑山全图、风流悠然庭相之图、真之平庭全图、真之平庭营造心得、行之平庭全图、行之平庭营造心得、草之平庭全图、定式茶庭全图、定式茶庭营造之事、极淋寂茶庭全图、野外茶庭全图、玉川庭图与营造方法。

中卷包括：小庭园营造方法、中潜之庭全图、殿中庭全图、根据庭园类型造园的方法、城中狭窄空间造园心得与路地营造、路地（露地）庭园图解、关于植栽、手水钵的设置、定式手水钵的设置、蹲踞手水钵、枣方定式全图、桥杭定式全图、花月庵庭园全图、大书院手水钵全图、内水屋全图、台石手水钵全图、台柱手水钵全图、钓手桶手水钵全图、手水钵雏形之全图、定式蹲踞设置全图、四方佛手水钵全图、笕手水钵全图、石灯笼滥觞之图。

下卷包括：参州东观寺之庭、东观寺之庭解略缘起、同寺旧地之图、远州鸭井寺之庭、鸭井寺里之间之庭、同庭解、飒飒松之御庭、飒飒松御庭全图、四位满足之庭相、遁世满足之庭相、相生安宁庭之图、柔和型庭园图、万岁相生之象、遁世之庭园解读、安宁庭、万岁相生之庭园解读、兰溪灯全图、冲津清见寺之庭、清见寺庭解、富士大宫司茶庭、大宫司书院庭园、同所宝钟院奥庭、大宫司庭园解读、泉州东光寺庭园、镰仓远藤家庭园、京都妙心寺海福院庭园、泉州冈野家庭园、大阪桃李庵庭园、泉州西御坊庭园、泉州藤井家庭园、藤井家茶室、京都妙心寺瑞云院庭园、七五三石组之庭。

庭造传序为秋里篱岛所写，表达了写作此书的原因。

第三节 《都林泉名胜图会》

　　《都林泉名胜图会》刊行于宽政十一年（1799 年），作者为秋里篱岛，其内容主要参考了享保二十年（1735 年）北村援琴所撰的《築山庭造伝》，以京都及其周边名园、名胜的林泉景致为主题内容。该书刊本采用和纸日式装订，纵 26 厘米、宽 18 厘米，共计五卷，第一卷 38 张，第二卷 58 张，第三卷 39 张，第四卷 54 张，第五卷 31 张，合计 220 张，共计 440 页。书中采用行草体文字表述，无标点符号，字体大小根据含义重要性不同而变化。书中含有大量的园林主题木版画。版画尺寸不一，有占据一页、对页和三页的，在图下方刻有执笔画工之印：草偃、中和、文鸣，卷末显示画工为法桥佐久间草偃、法桥西村中和、奥文鸣贞章三人。

　　上原敬二所编的《都林泉名胜图会（抄）》（以下简称《图会（抄）》），实际上是从秋里篱岛所著的《都林泉名胜图会》（以下简称"原著"）中选择了京都庭园、风景相关的部分，省略了与京都关联性较少的名胜地，进行文字勘误并增加了标点符号而成，基本保持了原著的图文原貌。

　　《图会（抄）》所录京都庭园与名胜地，总计约 70 处，其中绝大多数是寺院园林。这表明在原著成书的 18 世纪末，京都名园以寺院园林为主。这些寺院在当时面向公众开放园林，具有公共园林的功能，因此成为当时的名胜之地和游览目的地。正如上原敬二在前言中所说，《图会（抄）》实际上具备京都园林导游书的性质，书中所涉及的京都名园数量之多、内容之全，是其他同类造园古书所不具备的。书中并不涉及关于造园理论观点的论说和评述，而忠实地保留了原著中关于这些园林的介绍内容，更为难得的是，书中还保留了原著中 71 幅版画。这些版画以园林景观为中心，以写实手法清晰地呈现了园林空间布局与要素细节，因此成为古代日本园林非常珍贵的图像史料。正是《图会（抄）》的客观性、全面性和针对性，使得该书成为18世纪末关于京都园林的主要文献载体，图文并茂的记载方式为后代造园家和研究者提供了直观的参考和珍贵的研究素材。

《图会（抄）》全书包括前言、凡例、正文、尾跋。前言是编者上原敬二写于昭和四十七年（1972年）七月，主要是交代了原著的刊行时间、著者姓名、绘者姓名、原著的格式、文字与页数、卷数、主要参考物、庭园案例的取舍原因、编写的主旨等信息。

凡例和正文是原著原有内容。凡例一共七条，是秋里篱岛关于原著编纂的说明。第一、二条为原著编写的依据、主题和主旨。此书基于此前的《築山庭造传》而写，以京都名园为主题。凡例第一条指出京都宫殿台榭山阁水亭数量众多，书中不能全录，今后有缘再续写后编。第二条指出此书主旨是尽可能展现寺院的庄严感和京都的审美特质。第三、五、六、七条均是关于图绘的说明。第三条指出书中图版的类型，既有表现胜地风光的图，也有庭园典故之图，所表达的有紫野箬草、伏水梅溪、河合纳凉、高雄红叶、大堰川三船等内容。第五条表达了对画工的尊敬，指出每张图都有画工的印章，希望读者能够知晓画工的姓名。第六、七条重点说明图绘的准则。图绘的重点不是描绘亭宅等建筑物，而是聚焦于林泉风景。图中的植被以能大致辨识出季节代表性植被为准。图中风景分远近，人物按比例。按照人物大小比例亦可推算出庭园的尺寸。这表明图绘以客观、写实为主要准则。第四条是关于原著诗歌的说明，指出古人关于林泉的诗歌非常少，所以著者请当时的京都名家作诗，将其标注于图中，其中也有著者自己所作的诗歌。

原著正文分为五卷，《图会（抄）》不分卷，以图名为目次，顺序如下：神泉苑御游、七夕蹴鞠、相国寺、云林院、大德寺方丈、大德寺寸松庵、大德寺芳春院、赤山社、银阁寺林泉、银阁集芳轩、反古庵、光云寺、糺纳凉、南禅寺方丈、南禅院、南禅寺听松院、南禅寺归云院、南禅寺牧护庵、南禅金地院、知恩教院、圆山多藏庵、圆山延寿庵、圆山端寮、圆山长寿院、圆山多福庵、圆山胜兴庵、高台寺方丈、高台寺小方丈、双林寺长喜庵、双林寺文阿弥、灵山叔阿弥、灵山珠阿弥、灵山严阿弥、歌中山清闲寺、清水成就院、清水宝生院、清水延命院、清水圆养院、养源院、智积院、东福寺枭灯笼、东福寺通天桥、不二庵遗爱石、惠日即宗院、东福寺庄严院、惠日南昌院、东福寺南明院、伏见梅溪、伏见龙德庵、伏见庆云庵、高雄地藏院、等持院、龙安寺方丈林泉、龙安寺西源院、龙安寺大珠院、妙心寺玉凤院、妙心寺大通院、妙心寺灵云院、妙心寺杂华院、妙心寺蟠桃院、妙心寺大岭院、妙心寺退藏院、妙心寺春浦院、天授院灵宝、金阁寺、天龙寺、天龙寺云居庵、天龙寺妙智院、天龙寺真乘院、松花堂、山崎妙喜庵。文字插于图间，主要是说明各图中园林和寺院的位置、历史、掌故等信息。

正文总计 71 幅图，除了第一图《神泉苑御游》、第二图《七夕蹴鞠》、第十三图《糺纳凉》以外，其他 68 图均为寺院园林。这不仅反映了《图会（抄）》主要内容聚焦于 18 世纪末京都寺院园林，记录的主要是京都寺院园林的景观面貌和社会活动，也充分说明当时寺院园林是京都名园的主体，是市民的游兴胜地。根据周维权先生在《中国古典园林史》一书中的分类，中国古典园林主要类型包括皇家园林、私家园林、寺观园林三大类，而寺观园林倾向于世俗化风格，其重要性和独特性显然远远不如皇家园林和私家园林。日本园林也可以分类为皇家园林、贵族园林和寺院（社）园林，《图会（抄）》则充分反映出寺院园林在日本传统造园体系中占有主体地位。也就是说，寺院园林在中日两国古代造园体系中的地位明显不同，这也恰恰是中日两国古代园林的重要区别之一。

第三章　造园风格、章法与象征

第一节　北村援琴的"山水气象体志"

　　池泉筑山即"山水"。《築山庭造伝（前编）》中，北村援琴指出"山水"是日本庭园的古称，而"庭园"是后世出现的词语。山水的营造要注意立地地形的形态与变化，通过植被、石头创设庭园之景。如园内筑山模仿庐山，理水模仿西湖，尽管规模宏大，通过图纸画样，将山水之形凝缩于心。再根据立地面积大小，筑山遭水，再现风景。北村援琴进一步指出，作庭之人一般都要探访风景优美之地，通过写生记忆景观。随着经验积累，造景技艺也随之增长。庭园形态多种多样，如不整理好其内部包含的趣味和理法，就会缺乏筑山之真意。由此，北村援琴提出"山水气象体志"的概念与分类，并指出筑山理水必须具备"气象体志"。

《築山庭造伝（前编）·上》："山水气象体志"

　　造园应具备气象体志。在筑山理水中，不仅尊重主人之意，又要体现出自然的意味。这一点非常难。就像诗人通过语言表现一样，造园应表现出轮苑气、山林气、出世气、神仙气、儒先气等不同的气象。体志就如同诗人的言辞，创设的山水具备自然的体格，显示出高、逸、真、静、德、诚等品性。如果对风景的描写过于工巧，则会失去气象，也无法确定体格，反而成为鄙俗作品……

　　按照北村的提法，"气象"类似于品格、风格、意匠、精神，"体志"类似于体格、类型。北村将其分为高明纯一体、细密清淡体、造化周流体、文采清奇体、平心和气体、天然去饰体、宁致天趣体、管摄联绵体、典丽静深体、写意无穷体、会秀储真体、幽深玄远体、写景雄深体、法度沉着体、涵养幽情体、静想无碍体、沉雄厚壮体、连珠不断体、雄豪空旷体、形容浩然体、写真超迈体、含蓄优游体、雄伟清健体、融化浑成体、意中带景体、神造自如体、雕巧渊永体、清细闲雅体、捡束严整体、温柔敦厚体、景中含意体、高古浑厚体、神清安寂体、风情耿介体、典雅温淳体、风景切畅体、形制严整体、微密闲艳体、平易风雅体、婉曲委顺体、委曲详明体共四十一种类型，在其书中列出了相应的图示与案例（表3-1，图3-1-1~图3-1-41）。

表3-1　北村援琴的山水气象体志分类、特征与代表庭园

山水气象体志分类	特征	案例
高明纯一体	体现君子之德的	妙心寺大通院庭
细密清淡体	精致的、注重细节的	三井寺上光院庭
造化周流体	人造的、体现自然特征的	三井寺善法院庭
文采清奇体	有品位的、精妙的	三井寺光净院庭
平心和气体	柔和的、景气充盈的	大德寺芳春院庭
天然去饰体	自然的、模仿真山的	西六条河口屋庭
宁致天趣体	有自然趣味的	东山长乐寺庭
管摄联绵体	细腻的、连续的（模仿庐山之景）	遍照心院庭
典丽静深体	美观、典雅、有深度的	
写意无穷体	无穷的、意境的	
会秀储真体	秀丽的、如神仙居住之地的	叶室西芳寺庭
幽深玄远体	具有深山幽谷景致的	
写景雄深体	恬静的、幽深的	
法度沉着体	沉稳的	
涵养幽情体	茶庭式的	北野松林寺
静想无碍体	静思的、茶庭式的	
沉雄厚壮体	沉稳的、雄浑的	誓愿寺竹林院庭

山水气象体志分类	特征	案例
连珠不断体	连续的立石与树木边缘的	本国寺劝持院庭
雄豪空旷体	丰满的、广阔的	
形容浩然体	具有君子气象的	
写真超迈体	山林之景的	
含蓄优游体	柔和的、趣味性的	
雄伟清健体	安静的、充满生机的	大龙寺光德寺庭
融化浑成体	和缓的、连绵的	
意中带景体	少量的、有意味的	
神造自如体	摹写自然的	
雕巧渊永体	巧妙造设山水植被的	誓愿寺长仙院庭
清细闲雅体	清细的、隐逸的	
捡束严整体	严整的、山水性的	丸山贞阿弥庭
温柔敦厚体	温和的、令人心暖的	
景中含意体	风景中蕴含意象的	追分走井庭
高古浑厚体	高古脱俗的、枯山水形态的	
神清安寂体	神妙的、清静的、沉寂的	
风情耿介体	高贵的、典雅的	
典雅温淳体	堂皇的、平和的	清水成就院庭
风景切畅体	令人放松身心的	
形制严整体	庄严的、端正的	大德寺大仙院庭
微密闲艳体	精心的、舒雅的	壬生地藏院庭
平易风雅体	简约的、风雅的	
婉曲委顺体	秀丽的、端正的	丸山端之寮
委曲详明体	鲜活的、有生气的	天龙寺庭

图 3-1-1　式法之庭：高明纯一体　妙心寺大通院庭
（《引自《築山庭造伝（前编）》》

图 3-1-2　细密清淡体　三井寺上光院庭
（引自《築山庭造伝（前编）》）

图 3-1-3　造化周流体　三井寺善法院庭
（引自《築山庭造伝（前編）》）

图 3-1-4　文采清奇体　三井寺光净院庭
（引自《築山庭造伝（前編）》）

图 3-1-5　平心和气体　大德寺芳春院庭
（引自《築山庭造伝（前编）》）

图 3-1-6　天然去饰体　西六条河口屋庭
（引自《築山庭造伝（前编）》）

图 3-1-7　宁致天趣体　东山长乐寺庭
（引自《築山庭造伝（前编）》）

图 3-1-8　管摄联绵体　遍照心院庭
（引自《築山庭造伝（前编）》）

图 3-1-9　典丽静深体
（引自《築山庭造伝（前编）》）

图 3-1-10　写意无穷体
（引自《築山庭造伝（前编）》）

图 3-1-11　会秀储真体　叶室西芳寺庭
（引自《築山庭造伝（前编）》，作者改绘图例与底图）

图 3-1-12　法式之庭　幽深玄远体
（引自《築山庭造伝（前编）》）

图 3-1-13　法式庭　写景雄深体
（引自《築山庭造伝（前编）》）

图 3-1-14　法式庭　法度沉着体
（引自《築山庭造伝（前编）》）

图 3-1-15　涵养幽情体　北野松林寺　茶人庭
（引自《築山庭造伝（前编）》）

图 3-1-16　静想无碍体　茶人庭
（引自《築山庭造伝（前编）》）

图 3-1-17　沉雄厚壮体　誓愿寺竹林院庭
（引自《築山庭造伝（前编）》）

图 3-1-18　连珠不断体　本国寺劝持院庭
（引自《築山庭造伝（前编）》）

图 3-1-19　雄豪空旷体
（引自《築山庭造伝（前编）》）

图 3-1-20　形容浩然体
（引自《築山庭造伝（前编）》）

图 3-1-21　写真超迈体
（引自《築山庭造伝（前编）》）

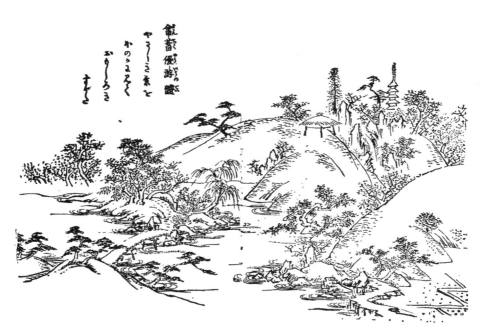

图 3-1-22　含蓄优游体
（引自《築山庭造伝（前编）》）

图 3-1-23　雄伟清健体　大龙寺光德寺庭
（引自《築山庭造伝（前编)》)

图 3-1-24　融化浑成体
（引自《築山庭造伝（前编)》)

图 3-1-25　意中带景体
（引自《築山庭造伝（前编）》）

图 3-1-26　神造自如体
（引自《築山庭造伝（前编）》）

图 3-1-27　雕巧渊永体　誓愿寺长仙院庭
（引自《築山庭造伝（前編）》）

图 3-1-28　清细闲雅体
（引自《築山庭造伝（前編）》）

图 3-1-29　捡束严整体　丸山贞阿弥庭　相阿弥作
（引自《築山庭造伝（前编）》）

图 3-1-30　温柔敦厚体
（引自《築山庭造伝（前编）》）

图 3-1-31　景中含意体　追分走井庭图
（引自《築山庭造伝（前编）》）

图 3-1-32　高古浑厚体
（引自《築山庭造伝（前编）》）

图 3-1-33　神清安寂体
（引自《築山庭造伝（前编）》）

图 3-1-34　风情耿介体
（引自《築山庭造伝（前编）》）

图 3-1-35　典雅温淳体　清水成就院庭

（引自《築山庭造伝（前编）》）

图 3-1-36　风景切畅体

（引自《築山庭造伝（前编）》）

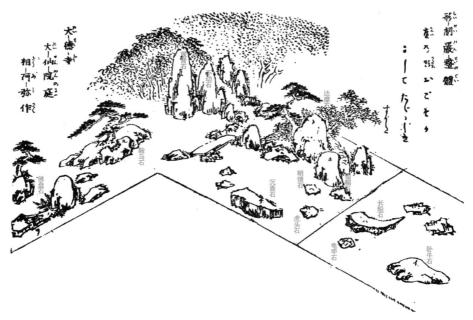

图 3-1-37　形制严整体　大德寺大仙院庭　相阿弥作
（引自《築山庭造伝（前編）》，作者改绘图例）

图 3-1-38　微密闲艳体　壬生地藏院庭
（引自《築山庭造伝（前編）》）

图 3-1-39　平易风雅体
（引自《築山庭造伝（前编）》）

图 3-1-40　婉曲委顺体　丸山端之寮
（引自《築山庭造伝（前编）》）

图 3-1-41　委曲详明体　天龙寺庭　梦窗国师作

（引自《築山庭造伝（前编）》）

第二节　造园的表现

除了审美、观赏和游憩的功能，造园要表现什么主题和内容？北村援琴指出，公家、武士、地主、富商的庭园，"吉祥"是重要的表现主题。而寺院庭园则要表现佛教的内容。风景是造园最重要的表现对象，应通过风景写生观察风景的结构和特征，将其作为筑山造园的原型。

《筑山庭造传（前编）·上》："造园的表现"

　　庭园有很多类型。在公家、武士、地主、富商的家中作庭时，重视"吉祥"的表达。因此，在其中采用二神石①，以及具有守护、蓬莱（长寿）的置石要素。在寺庙、神社建造庭园时，当然要注意与佛教相关的事情。所以，要参考过去的案例，确认僧家、普通人之家在作庭方面的不同。

《筑山庭造传（前编）·上》："风景写生"

　　引入风景，是庭园营造的第一要点。因此，在游览风景名胜时，要从正面观察风景，了解山峰的形态。然后，观看半山的风景，看看那里有什么。此外，还要描绘引人注目的石头、植被等。

　　风景地有山谷、溪流，要注意写生。向左看，如有山峰、谷、瀑等，则将其形态分为上、中、下部分，绘制于画纸左边。向右看，自山峰而下，分为上、中、下三部分，连同其中的树木、石头等，绘制于画纸右边。再将山麓分为左、中、右部分，全景式观察，从左开始环视描画，再从右边环视描摹。这样的话，仔细审视风景，清楚地描绘其形态的高低曲直变化，以及其中的树木和石头形态。

---

　　①　二神石是靠近庭园入口处两块石头构成的石组，又称为二王石或者二柱石，一石为阳，一石为阴。

要了解池沼形状，需要对大江、湖泊写生，所采取的方法与上面所讲的一样。从前方的正面看，将对象分三段，然后从左环视，再从右环视，画出其样态并记录下来。

对于山峰瀑谷，也是从上、中、下的角度进行写生。对于湖、海、河、泽、池等，从两端、中间、近岸，采用三段法观察对象。在现场写生的时候，不要被眼前风景所迷惑，画师要多审视几遍，然后全力以赴地写生。

如上所述，回想那些写生过的自然风景，作为筑山造园的原型。营造最好的景观，再现身处风景地的心境，是多么重要。但是，如果不仔细观察风景的话，就无法营造出最佳作品。向自然风景学习，以其为模型，是造园的秘术。

《筑山庭造伝（前编）·上》："山水远近"

造园时，远山造得低，近山造得高。远水在高位，近水在低位。领会这一点，可以营造更巧妙的山水之景。

《筑山庭造伝（前编）·上》："营造远景"

在利用自然地形造园的时候，要留意：从书院[①]的客厅和走廊眺望庭园，把后面的山建得较低，或者修剪前面的树木，以便获得更好的眺望景观。

《筑山庭造伝（前编）·中》："庭园差异性"

庭园与露地[②]不同。庭园都有内外之分。露地也分内外。书院附属的庭园，与建筑物一起发挥功用。别墅的庭园、茶庭要营造出山水，和建筑物要协调。

---

① 书院，即书院造建筑，是日本近世时期住宅建筑的主要类型，其空间格局分为会客、生活和用人活动空间，主殿朝东，入口门厅称为"色代"或者"式台"。入内为供宾客留宿的殿阁，东南有茶室"数寄屋"和接待客人的房间，共同构成了会客空间。

② 露地即茶室的院子、茶庭。

第三节　造园的法则与禁忌

　　造园的法则是基于常年造园实务经验积累而形成的较为固定的做法。就营造的程序而言，包括如何规划地形、自然风景的写生与提炼、把握置石的吉凶善恶，以及对造园基地条件进行评价，并基于"真·行·草"进行园林营造。就造园的真谛而言，基本法则是仔细观察自然，了解其要义，探索山水之道。在此过程中，又因文化背景形成了造园的禁忌，包括置石的三忌五祸、二祥三吉，以及庭园中的主客位置关系。就不同类型的造园而言，文献中提出了佛家、神社、武家造园以及城中小庭园、茶庭等要遵循的不同原则。

《築山庭造伝（前编）·上》："山水法式"
　　庭园营造的要点，首先在于对地形的把握。从地形中提炼庭园的基础状况，计划好石头的设置、植被栽植乃至整体景观。例如，以中国的庐山[①]为原型，或者以西湖[②]的风景为模型营造庭园，制作分区图。造园师也要根据基地的尺寸，在脑海中计划地形、植被和石头。结合实际条件的筑山、理水，是造园最重要的内容。

　　此外，在谋划建造庭园时，一定要到风景名胜地参观，对着自然风景写生，将风景映射到头脑中，再提炼出形象。这是很重要的，是成为优秀造园师的基础。以自然风景为原型，需要花费五至六天的时间进行仔细揣摩和总结。要提升造园技能，必须养成观察风景名胜地的习惯。对庭园基地进行判断，是传承

---

　　① 庐山，又名匡庐，位于江西九江，北临长江，东临鄱阳湖，主峰为汉阳峰，以"雄、奇、险、秀"著称，不仅山势雄伟、峰岭峭拔，山中多瀑布、池涧，是避暑与隐居之地。东晋慧远禅师在庐山建东林寺，结白莲社，庐山因此成为佛教净土宗的发源地。
　　② 西湖，古称明圣湖、钱塘湖，又称为上湖，因其位于杭州城郭以西，故称西湖。南宋时期开始，以"西湖十景"闻名天下。

至今的最重要技能。这可以说是造园第一秘籍。

营造庭园的第二要点是把握好石材的吉凶、栽植的善恶。关于吉凶善恶的石头、树木的使用方法，属于作庭的秘传。即使是狭小的庭园，也有可能呈现万里高山的意象，形成巨大的瀑布，展现出辽阔大海的意象。这一切都取决于石头和水的使用方法。这是造园第二秘籍。

造园的第三要点是，基于"真·行·草"①，在构思石组、栽植，以及整体风格的阶段，对庭园的面积、地形等进行灵活适度的评估，这一点非常重要。例如，即使是普通的平庭，在布置石头时，要符合基地条件，同时也要充分利用自然条件。当营造个别有趣景观的时候，如果不能与周围的条件相匹配，就会失去庭园的本质，甚至会被看作只有外行的水平。正因为如此，充分考虑平衡各个局部的关联性是很重要的。就像文字也不是独立的，而是通过连接来体现意思。简而言之，就是不要做违背自然规则的事。当你想要造园的时候，如果不能用心去做，那马上就会导致失败。因此，在造园时要留意各个要素之间的关联性，即使一棵树、一块石头，也不可以随意设置。

《筑山庭造伝（前编）·上》："造园的心得"

梦窗国师②曾说，古往今来，庭园要堆山、设石、栽树、流水。很多人都喜欢这样的空间。不过，即便同样的庭园景观，其意趣却是因人而异。有些人自己缺乏造园的兴趣，但是想被访客说"您的住处真好"，于是就种了树。或者，因为有贪欲，收集贵重珍宝的过程中，了解到造园的美好，进而开始寻求珍石奇树。这样的人，只是一个喜欢尘土的俗人，无法理解庭园真正的美妙之处。

白乐天③建造了一个小池塘，在池周围种了竹子，非常喜欢它。他说："水能性淡为吾友，竹解心虚即我师。"④ 喜欢世俗庭园的人，如果能够像白乐天一样，就不会成为俗人，因为他们的本性是淡泊的，只是写诗歌，在泉水边游乐，滋养心灵。所谓"烟霞痼疾、泉石膏肓"⑤。面对庭园，以寻求自然的心作为寻道的抓手，才是最可贵的事。然而，探索山水之道，应一视同仁，山、大地、草木、瓦片、石头，都是自己心灵的一部分。

热爱造园，如同世上其他普遍性的感情，必须一心一意地探求其意义。

---

① "真·行·草"原为书道的用语，指汉字书法的楷书（真）、行书（行）、草书（草）。日本庭园发展史中，"真·行·草"表示筑山理水的三种不同程度的庭园类型。将按照约定俗成的手法正式营造的庭园称为"真之庭"。将"真之庭"进行简化，根据简化的程度，分别称为"行之庭"和"草之庭"。"真·行·草"的分类法最早出现在室町时期的《嵯峨流庭古法秘传之书》中。

② 梦窗国师即梦窗疏石。

③ 白乐天即白居易。据记载，承和五年（838年）白居易的作品开始传入日本。留唐僧人带回的《白氏文集》在日本备受推崇、流传广泛。

④ 此处引自白居易的《池上竹下作》："穿篱绕舍碧逶迤，十亩闲居半是池。食饱窗间新睡后，脚轻林下独行时。水能性淡为吾友，竹解心虚即我师。何必悠悠人世上，劳心费目觅亲知。"

⑤ 此句出自《旧唐书·隐逸传·田游岩》。原文为"臣泉石膏肓，烟霞痼疾，既逢圣代，幸得逍遥"，指喜爱自然山水，成为癖好。

忠实地观察池（泉）、水、草、树等随着四季变化的样子，了解其内涵。只有这样，才能成为真正爱山水之道的人。所以，密宗将山水万物看作六大①的显现。天台宗说"一色一香，无非中道"②。仔细观察四季更替，领悟自然的永恒变化，能够去掉人心之迷惘。

《築山庭造伝（前编）·中》："安芸国严岛钵山③之景"

这里图示的盆景，呈现了主人喜欢的风景。不仅是盆景，庭园也是如此。如果园主没有特别喜好的话，可以根据该家族的职业，参考各地的风景名胜来营造。应该避免在没有预想某个景观的情况下，贸然提出布局。即使园主说景色如此好，也不能在没有图示的情况下而随便造园。此外，缺乏明确的目标，为了覆盖空间而胡乱营造，应避免这种事。因为这就像是将丰富的色彩和水墨混合在一起，变成了外行或没有品位的爱好者所创作的庸俗拙劣作品。否定没有意义的要求，打造一个不会看腻的庭园是很重要的。

《築山庭造伝（前编）·上》："置石的三忌五祸、二祥三吉"

山水（庭园）的石组有"三忌五祸"之说，要注意避免忌祸之事。第一忌讳事，就是把长条形石头与建筑呈直角方向设置。但如果你的房子在深山或山谷，那就无所谓了。第二个禁忌，在主人岛的前面，设置"凸"形、露出棱角的石头。三是在客人岛前设置缺面石块。以上是三个禁忌。关于五件灾祸：第一件是上大下小的石头。第二，没有二神石（鹤石、龟石）。第三，没有礼拜石。第五，没有守护石。以上都被认为会带来祸害而遭到厌恶④。

"二祥"是指，一是庭园向东南方向展开；二是瀑布后面有高山和大树。什么是三个吉？第一吉：在主人岛设置安居石。第二，在前面种植健壮生长、枝头好的松树。第三，在前院撒砂石。

《築山庭造伝（前编）·下》："庭园主客之位"

庭园内部是主位，入口处为客位。这一原则也与设置主、副石灯笼相同。庭园风景，入口处要占六分，内部占四分即可。主人从下座起身迎接上座的客人，这种情况下以上座为主位。来客从上座面向下座，所以下座为客位。

《築山庭造（后编）中》："根据庭园类型造园的方法"

根据主人喜好，无论创设何种庭园，都要事先在心中有所计划。神社之庭园，如果充满了佛教园林的趣味，会产生令人烦恼的问题。武者庭园喜好

---

① （日本）密宗有"六大体大"之说，即地、水、火、风、空、识，这六种因素构成世界本体。
② "一色一香，无非中道"为天台宗教义。意指"中道实相"为认识世界的绝对真理，遍布于"一色一香"等微细之物中。
③ 钵山即指盆景。
④ 此处原文缺第四件灾祸。

雄武之感。寺院庭园要营造有传法与佛说意味的环境。客室主要考虑来访的客人。

造园要与主人家的特性相协调。首先要在庭园中的客室园林种植梅花、樱花，所谓"有花即入门，莫问主人谁"①，又如同白居易的诗句"遥见人家花便入，不论贵贱与亲疏"②。又如《徒然草》③所描绘的：春天夕阳暮色下，艳丽之景中，有格调的庭园深处，林木茂盛。在这样的园内散步，如果花枯，令人难过。因此，在园内种植花木，一定是艳丽有魅力的，不能辜负庭园景色。要在这样的信念下栽种植被。

如果是殿中庭，要考虑这里居住的内室女性。女性往往喜欢大量盛开的鲜花，因此要在花卉上面下足功夫。

佛家与武家庭园，义礼、仪式放在第一位，无论主人有什么喜好，基本的构成是一致的。结合主人喜好进行造园的时候，不得不考虑这一点。

在水边或者原野上布置连续步道的时候，造景的方法，与画工仔细观察花叶、进行写生、记忆其形象、在画面上进行绘制、不断进行修正这个过程相似。因此，在庭园内的空间设置步道，通过沿路的风情体现庭园景观之美。

根据趣味，引入海岸、山峦、大河、流水之景时，应对其有充分了解。筑山的时候，分出山岳、丘冈之形，理水的时候分出海面、池沼和河流之形。因此，营造瀑布，必须熟知瀑布口周边的形态做法。表现大海，需要了解海边山崖瀑布跌水形态。河流及涌泉可以模仿大海的意向，水面充满渺漫之感。池沼具有水源的作用，亦作为重要的景观点，营造出水面遥迢荡漾的形态。另外，苔藓表现清水流动。将泉川等要素纳入园中，并着力表现流水的优美。采用这种造园之法，浓缩了广域的景观，使得将优美的自然景色引入园内成为可能。这是造园的精髓所在。

此处的图，显示的是东海道筋旧家④的庭园（图3-3-1）。手水钵的石材出自富士川出产的名石，形态和尺寸多种多样。图中所示的称为"俵石"，质地坚硬。此石可以制作成称为"散俵"的石器。庭园上段配置俵石手水钵，"茶之间（茶室）"配置散俵手水钵。上段之庭是按照前代大邦（惣右卫门）主人的意愿所作，以书院园林为原型，是充满自然意味的庭园。"茶之间"部分是按需由庭园师所造。

园内的楼，称为望岳亭。因为从此楼可以观赏到富士山而得名。富士川的往来渡船不断，放眼望去，将鹤草、山麓原野、芦鹰山、宝永山、富士沼连接起来。向南，是广阔的远州大滩直到伊豆半岛的海岸线。连续的松林，夕阳的风，防水的石笼和堤坝，这种幽悠的风景是无法完整收纳入庭园的。

---

① 引自宋代诗人陆游的诗《游东郭赵氏园》。
② 出自唐代诗人白居易的《又题一绝》："貌随年老欲何如，兴遇春牵尚有余。遥见人家花便入，不论贵贱与亲疏。"
③ 《徒然草》是日本南北朝时期吉田兼好（1283—1350）的代表性文学作品。
④ 此园为大邦惣右卫门所有，又称旧家，为高级官僚，以造酒为祖业。

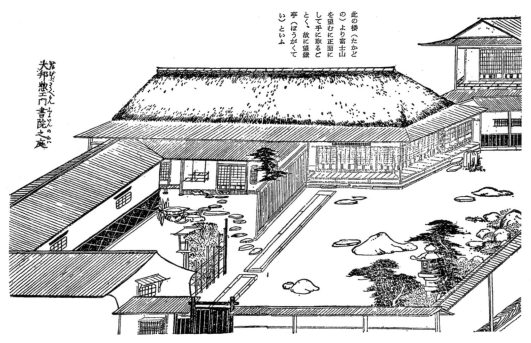

图 3-3-1　大邦惣右卫门书院之庭
（引自《築山庭造伝（后编）》）

即使这样，夕阳风景可以通过画工描绘下来。时不时可以看到这样的画作。造园也一样，在狭小的空间中，纳入这样的眺望景观。仔细考虑的话，可以发现，庭园中有可能营造出以庐山为原型的山岳景观、以西湖和大江为原型的流水景观。因此，在园内重现这样的眺望风景，不是不可能的。

《築山庭造伝（后编）中》："城中狭窄空间造园心得与路地营造"

前面所谈造园，不管面积大小，可以依据"真·行·草"等理论方法，道具石有守护石、坐禅石、二神石、拜石，植栽方面有"真木、寂林、夕阳木"等。在狭窄空间中，一株植物往往兼有数种空间功能。

在狭窄场所造园，一般将配置物尽可能向前放，其后方空间尽可能宽裕，这个方法称为"阴格"。大庭园的后部空间宽敞，自然性较高。但是狭小之庭，后部空间局促，墙根与塀①前面的植被密集，不容易打扫，令人烦恼。

因此狭小的场地，应减少道具、植被，使人感觉清爽愉悦。这种方法也使得造园较为易行。阴格设计手法，是狭小庭园营造极其重要的手法。比如，一个石组，兼作为守护石、拜石、上座石。这个方法可用于大小庭园，但是首先用于小庭园。

另外，小庭园可以采用露地做法。在狭小空间，或者通过狭小空间到达

---

① 塀：栅栏。

图 3-3-2　路地体之造方之全图
（引自《築山庭造伝（后编）》）

上座敷，一般必定采用这个方法。在广庭中，为获得良好的眺望体验，将墙体做低，铺设草坪和白砂。茶庭的场合，则是将通道宽度做小，同时尽可能延长，精心配制守护石、拜石、真木、二神石、夕阳木等。在通道铺设飞石，采用交替的千鸟形，在外缘转折处精心控制。沿曲线配置短册石（即长条石，长方体石），形成转角、交合的组合形态（图 3-3-2）。

第四节　五种造园图式

秋里篱岛在考察京都、大阪各地名园以及相关资料的基础上，提出了五种造园图式，并认为这五张图式呈现了当时流行的造园样式。第一种为"四位万足之庭"，即满足各种功用的庭园，是当时适用性最强的样式，可用于各种类型的造园。第二种为"遁世之庭"，即适合隐居、享受生活乐趣的庭园。第三种是"相生安宁之庭"，是可以慰藉心灵的简约型庭园。第四种是"柔和型庭园"，是多采用曲线令人感到柔和之意的庭园。第五种为"万岁相生庭园"，适用于各类型造园，普通住宅也可以采用。

《築山庭造伝（后编）下》："四位万足之庭相"

这里呈现五张可以说是完美的庭园图，均是我家资料上所记载的，从其内容上看，一定是正宗的，近年来成为流行样式的形态之基础。

图中刊载的拜石，设置在中岛，是为了免除污秽而设置的。守护石、筑山、泉水等的构成也是出于守护主人的考虑。主要散步路的样态和功能等，都是令人感到满意。

因此，以这幅图为基础建造的庭园，一定会成为一件很棒的作品。请参考刊载的图，进行石组配置和植被栽种，这样就不会失败了。甚至可以认为，这幅图或许就是著名的《作庭记》中所呈现的图。

图中显示出户主安泰、长久发展的面貌。这里呈现的是为住户创造活力，创造万事皆宜的庭园环境（图3-4-1）。

《築山庭造伝（后编）下》："遁世满足之庭相"

这里所展示的图，都是基于庭园建造的理论，不被流行所迷惑，美丽而高级的庭园。因此，从皇族、贵族到普通民众，任何庭园都可以采用图中显示的造园方法。例如，按照图示的话，即使不了解设计样式，庭园的优先事项是

图 3-4-1　四位万足之庭相
（引自《築山庭造伝（后编）》）

图 3-4-2　遁世满足之庭相
（引自《築山庭造伝（后编）》）

供奉当地自古以来就存在的神明。不管对象是神社佛阁还是普通住宅，在主要的筑山部分设置拜石等，都可以说是这种表现。

　　如果对上述的事情有疑问的话，看看仙洞御所这样的与普通社会生活截然不同的庭园就知道了。那里是隐居生活的场所，是享受生活乐趣的游憩场所。作庭者要重视这一点，考虑庭园的空间构成。虽然是游憩优先的庭园，必须遵守基本法则，才能真正使人享受园中乐趣（图3-4-2）。

图 3-4-3　相生安宁庭园
（引自《築山庭造伝（后编）》）

《築山庭造伝（后编）下》："相生安宁庭之图"

…………

　　首先，以松、竹、梅林为基础的庭园，流动的造型是重点。柔和的线条美妙得难以用语言表达。虽然是自古流传下来的图画，但在现代（江户时代后期）也有相通的新意。仔细想想这个结构，就会想到"云上之地，住在宫廷里的女性们快乐地生活"这样的状态。这会很有新鲜感。有了这样的花园，就等于有了贤妻的幸福男人（图 3-4-3）。

《築山庭造伝（后编）》："柔和型庭园"

　　看了提示的图，所想到的是，女性总是喜欢柔和的东西。那么，这种类型的庭园具有女性喜欢的风格。……这种类型的茶庭比较多，看起来很柔和。

　　不管怎样，这里所呈现的图示，能帮助我们确定什么是造园的本质。作为参考，一切应对都是可能的。正因为如此，要好好学习描绘的形象、形状、设置物。可以说，正是这些图，传达了"真·行·草"庭园的本质（图 3-4-4）。

《築山庭造伝（后编）下》："万岁相生之象"

　　从图示来看，平淡无奇，除了井以外，没有什么特别的地方。取水能滋养万物之意，将其命名为"万岁相生"。如果是御殿庭园，建筑朝南、东西八间，南北六间，庭园内还会营造瀑布等。在水井周边种植松树和竹子，此水称为万年之活水。由于庭园占地狭小，如图所示，瀑口间的水井成为园内的中心景观。

瀑布口的水井肯定会大大影响庭园的构成。自古以来，这样的水井就被称为"工作之井"。这也成为诘所的语源（图3-4-5）。

图3-4-4　柔和型庭园
（引自《築山庭造伝（后编）》）

图3-4-5　万岁相生之庭园
（引自《築山庭造伝（后编）》）

第五节　造园的象征

寺社园林中往往需要通过石组、流泉、筑山诸要素的造型和组合体现佛教的意义。世俗园林也需要通过材料、要素的形态和组合构建具有象征意义的庭园环境。这种做法由来已久，在文献中论述较为丰富。《筑山庭造传》中关于造园的象征，主要涉及五行、佛教的思想。

《筑山庭造传（前编）·上》："庭园的方位和性格"

南侧的庭园具有火的性质。北边的庭园具有水的性质。东边的庭园是木的性质。西边的庭园具有金的性质。

因此，南侧的庭园可以朝北。北边的庭园可以朝南。东边的庭园可以面西。西边的庭园可以朝东。

……………

最早的造园能够祭祀土地即可。庭园是诸佛现身的空间，无论在什么方位做什么，其本身是家的守护。虽然如此，如果缺乏山水法则，仅靠推测就设置石头、植被，是无法守护家人的。

《筑山庭造传（前编）·上》："庭园山水与诸佛"

大多数庭园表现了西方净土和九品曼陀罗。所以，人们赋予园内置石以诸佛、菩萨、明王等名称。另外，关于山、岛、平地、沙滩的名字，全部与九品曼陀罗相通。有庭园的地方，都与佛、菩萨有着很深的关系。应每天拂去园中的尘埃。

《筑山庭造伝（前编）·上》："九品位次"

三尊石①所在方位为上上品。左山为上中品，右山为上下品。中岛是中上品。山腰岛为中中品，瀑布腰为中下品。尾崎左边岛为下上品，右边岛是下中品，平滨为下下品。立石为二十五尊菩萨，中川为七宝池，池中挂桥为菩萨莲台。

《筑山庭造伝（前编）·上》："佛、菩萨名"

阿难、迦叶、目犍连、迦旃延、憍梵、波提、富楼那、须井（可能是须菩提，即斯普提，释迦的十大弟子）、罗喉罗、其他大阿罗汉、不休息菩萨、满月菩萨、宝月菩萨、四大天王、跋难陀龙王、阿修罗王、难陀龙王、日月天等。

《筑山庭造伝（前编）·上》："立吕律石"

律石是指立得稳的立石。如果有部分残缺，则用副石进行加固。律石是具有威仪感的。吕石一般分置在二、三处，间隔五六寸到一尺的距离。

人的行为要具备仁义礼智信。具备仁义礼智信的人称为律义者。缺了五常（仁义礼智信）的人称为"吕"人。正因如此，"律"代表完美的形，"吕"则表示不完全的形。律是吉，与生命相连。吕是凶，与死亡相连。律代表阳，吕代表阴。不设置吕石是不好的。吕律相配，生真德、生万物。所以，吕石要设置在山阴等不太显眼的地方。

《筑山庭造伝（前编）·上》："立石之阴阳"

直立的石头是"阳"的。瀑布口是控制水的地方，所以是"阴"的，不能在那里设置直立的石头。横卧的石头是阴的。

不仅是立石，几乎所有的东西都有阴阳。就植物而言，也要记住，直立的是阳，横向伸展的是阴。

除此之外，有些既不是立石，也不是卧石，属于中间程度的石头，是阴阳和合的。此外，河流两岸的石头，无论什么样的石头，都不在主石之列。

《梦窗流治庭》："三岛一连庭"

·三岛一连：在庭园正面作蓬莱、方丈、瀛洲三岛。平庭的场合，外无山和植被，仅置三岛之石，左右植松。

·九山八海：总体大海之形，四方落泷。

---

① 三尊石包括中间的大石和两侧的小石。大石为中尊如来，两侧为胁侍菩萨，构成表现三尊佛的石组。平安时代《作庭记》中首次出现三尊石记录，此后成为造园中立石的手法。三尊佛有释迦如来、普贤和文殊，或者药师如来和日光、月光菩萨，或者阿弥陀如来和观世音、大势至菩萨的组合。

第四章 古籍中的造园技法

第一节 池泉

池庭是有池的庭园。还有一种以流水为主体的流庭，也属于池庭的一种。池庭是最古老的日本园林类型。早在飞鸟时期（6世纪末—710年），皇家园林中已经出现了自然式的水池①。奈良时代，曲池、洲滨、石组等要素成为日式池庭的标准配置。平安时代，平安京的皇家园林神泉苑、嵯峨院中都有规模巨大的广池，其水源依赖于平安京内的涌泉，或者筑堤截留天然河谷之水。

池泉不仅是皇家园林中的标配，也大量出现在贵族园林和寺社园林中。平安时期平安京出现的寝殿造园林和净土园林中，池沼与流水成为必不可少的要素。此后延续到上层武家阶级的邸宅园林之中。根据池泉在园林中的作用，又可以分为池泉回游和池泉观赏两类。

池泉观赏是指以泉作为鉴赏的对象，视点比较固定。展现围绕固定视点的观赏性景观，又称为坐观式。池沼、流水呈现绘画性的、静止的景观，景观要素围绕视点展开。比如京都御苑中的池沼、西芳寺池沼、梦窗疏石创建的天龙寺曹源池，以及妙心寺的池泉、二条城的二之丸庭园，池沼与滨岸本身成为鉴赏对象，体现了艺术性、宗教性的美感（图4-1-1、图4-1-2）。以仙洞御所、修学院离宫、桂离宫为代表的池泉回游园是以大规模池沼为中心，四周配置茶室、景亭等建筑物，以曲折的园路串联池沼周围各个区域。

---

① 《庭園史をあるく—日本・ヨーロッパ編》，第21、26页。

图 4-1-1　京都御苑的池泉与岛桥
（作者摄）

图 4-1-2　西芳寺池中筑岛与桥
（作者摄）

《筑山庭造伝（前编）·上》："瀑布"

　　瀑布通常以龙门瀑布、庐山瀑布等为形象。在这种情况下，寺院庭园的瀑布口是以无热池瀑布口为模型建造的。在天竺以北，有大雪山，山顶有无热池。无热池之水流出，流至四海。其水向东流出银牛口，形成伽河（恒河），到达东海。向南流出金象口，成为信度河，达南海。西出狮子口，成缚刍河达西海。北出琉璃亭口，成为徙多河，到达北海。[①]

因为本地属于南洲，所以瀑布口是以金象口为模型来建造的。寺院庭园的瀑布口大致设置在东南方向。但是，现实中瀑布口多设置在客厅上方，也就是设置在西北方向。瀑布口，原本就是应该在客厅上方建造的。所以，如果设置在南侧，应该在北侧堆筑香染山。如果不筑山的话，就种树。

《筑山庭造传（前编）·上》："架桥"

在庭园中架设桥，一定要在河下游或中间。除此之外，也有在瀑布口用腐朽的木头作为桥的情况。这座桥给人的印象是供猴子飞越。

《筑山庭造传（前编）·上》："水吐"

河的最下游叫水吐。当瀑布口在南边时，水吐部分设置在北边。从无热池向北流出的河称为徙多河（印度的亚尔坎河）。因此，这种庭院流水的构成被称为"徙多流"。

《梦窗流治庭》："池形"

掘池之形：水字形、半月形、心字形、流水形。实际不限于以上之形，根据庭园大小具体条件进行调整。

《筑山庭造传（前编）·中》："庭园排水"

雨水的排水是重要事项。所以，应该在庭园建设之初就进行规划。而且，根据庭园大小，设置三四处排水口。首先，设想雨水会流向怎样的方向，在此基础上设定建筑物地坪的高度。计划好雨水流向线路，再计算庭园地形，规划好地面倾斜程度，打好地形基础。

飞石的表面用水平器调平。随着地面上下起伏，石块的高低显得特别醒目。正因如此，计算好土地的倾斜度和石块表面的高度，正确设置飞石就显得至关重要。设置飞石的时候，要清楚地知道，土地高低差的微妙部分是不容易看穿的。

池塘的边石要设置得直平。池水会形成一个完整的水平面，如果边石有高有低，上下起伏非常难看。比如，上段边石顶部距离水面五寸，下段也距离五寸，这样水边效果就比较好。如果距离有高有低，则非常难看。

---

① 此处可对照《大唐西域记》（唐玄奘著，章巽校点，上海人民出版社，1977年）卷一："赡部洲之中地者，阿那婆答多池也（唐言无热恼），在香山之南，大雪山之北，周八百里矣。……金沙弥漫，清波皎镜。八地菩萨以愿力故，化为龙王，于中潜宅。出清冷水，给赡部洲。是以池东面银牛口流出殑伽河（旧曰恒河），绕池一匝，入东南海。池南面金象口流出信度河，绕池一匝，入西南海。池西面琉璃马口流出缚刍河，绕池一匝，入西北海。池北面颇胝师子口，流出徙多河，绕池一匝，入东北海。或曰：潜流地下，出积石山，即徙多河之流，为中国之河源云。"

另外，如果雨水流出的部分是排水不好的土地，则使其以自然的形式流入池塘。也就是说，在这样的土地上，建造池塘确保排水场所是很重要的。

　　原本，计划排水和庭园的地形起伏，关键在于如何设定建筑物地平高度，这其实并不是造园师的工作。而建筑物地平高度设定不好的话，就会影响雨水排水，会给造园带来大麻烦。这一点在庭园营造的初期阶段是最重要的工作。

第二节　筑山立石

池泉与石组或者土山结合，形成高低错落的山水式庭园景观，称为池泉筑山园。除了遣水曲水，大部分池泉均与筑山相结合，水上架桥（图4-2-1~图4-2-4）。日本最早的造园书《作庭记》中，即有以筑山创设地形以形成池沼形态的内容。《筑山山水传》《梦窗流治庭》和《築山庭造伝（上编）》中记载了较为细致的立石方位、名称和功能，以及架桥、诸庭作法，《築山庭造伝（下编）》以图示的方式直观地呈现了庭园中筑山立石的形象，本书特摘录并转译相关内容如下：

《筑山山水传》："筑山山水之做法"
　　·山水正面里侧立石，称为主人守护石。先立此石，再筑山、植树。守护石下，置莲花石。
　　·泷口立石，称为泷副石。左右立童子石，或者八块、四块、二块，位置低于泷副石。
　　置石主要根据作庭人的喜好。
　　·山水中央位置筑岛，表现蓬莱山。其形如龟，可分为龟头石、两手石、两脚石、尾崎石。植松是必须的。
　　·山水之前两端，必须立二神石，又称为二柱石。根据石的形状和作庭人喜好，确定石头的数量是两块还是三块。
　　·泷口石中，又分为水受石、溪副石、波分石、水分石。山水做法中泷口的处理非常重要。
　　·山水中架桥，桥须架设于河中或者河流下游。泷口不架桥。但是在大规模的山水中，泷上有高山，可在山上架枯木成桥，称为猿道。
　　·河口又称为水吐。泷口位于南，则水吐位于北。
　　·河口的置石，包括挡水石、落水石、浪受石、尘留石、木叶返石、水门石等。

图 4-2-1　大阪庆泽园筑山池泉
（作者摄）

图 4-2-2　京都妙心寺退藏院筑山池泉

（作者摄）

图 4-2-3　东京浜离宫的池沼与岛桥
（作者摄）

图 4-2-4　二条城二之丸书院庭园池泉筑山与石桥
（作者摄）

· 山水两端必有二岛，靠近端头的岛屿称为客人岛，中有客拜石、对面石、履脱石、鸥宿石、水鸟岩。

· 靠里的岛称为主人岛，中有安居石、腰息石、游居石等。

· 主人岛守护石之前，必须置礼拜石。根据石头大小，可放一、二、三块。守护石本名为三尊石。

· 左右方后侧高山有山顶石、山腰石、岭脚石、庆云石、雾隐石、晴月石、月阴石（又称为月吞石）。山中有道居石、行路石。又有说法，月阴石又称吞影石，一定要用于西山，吐影石则要用于东山，皆要位于山顶。诸石的数量根据"真·行·草"的类型而定。山中树木之间的上坐石，属于另外的秘石。

· 石桥之石，可有四、三、二块。水际石，又称游鱼阴。

· 立石之名：有鸳鸯石(位于水中)、水御石（位于河口）、泷副石、垂钓石、杯带石（位于岛中）、笔架石、怒涛石（位于水头）、砚用石（位于路边或者岛中）、虎豹阴石（位于谷中）、虎溪豹阴石（位于山路）。

· 立石阴阳（此处省略）

· 山水岛名：吹上岛、浪寄岛、打寄岛、中岛、客人岛、主人岛、山下浜、洗浪。各岛均有石。

· 大型山水的山阴地、谷间、田畠（田界）均有立石。

· 塩滨（盐滩）、干潟地（海滩）不用立石，模仿入江之处种植芦苇、菖蒲等植物。

······（图4-2-5、图4-2-6）。

图 4-2-5　山水立石图
（引自《筑山山水传》，作者改绘图例）

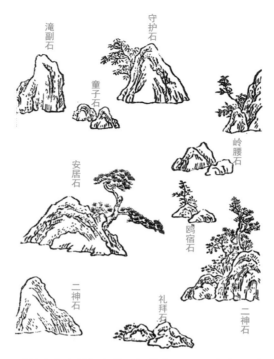

图 4-2-6 《筑山山水传》中的"行草山水图"（作者改绘图例和底图）

《梦窗流治庭》："山水役石居所之传"

· 三尊石（三神石或守护石）：是庭中第一重要之石。故立于正面中央。一块石还是两块石意义相同。立石之样不固定，重要的是底部必须坚固不能移动。

· 台坐石：又称玉台石，位于三尊石下方，石的数量根据时宜确定。

· 不动石：又称泷副石，位于泷上或者泷的中央。

· 童子石：位于不动石之下，石的数量仅限于二、五、七块。

· 日天石、月天石：立于正面左右山高之处，其下有白云石。较小的庭园中可以集中在一处。

· 三光石：离山顶一石之距立石。

· 麒麟石

· 凤凰石

· 桐林

· 二王石：又称二神石或者二柱石，立于庭前左右或者入口处。

· 影向石：又称上坐石，侧面植松，位于山中时面向池沼，也可以立于主人岛或者客人岛。如果有影向岛，必须立影向石。

· 山顶石：有时位于泷口右，或者位于左边山高之处。

· 山腰石：有时位于泷口右，或者位于左边山腰之处。

· 庆云石：同上，位于山高处。

- 云雾石：同上。
- 岭脚石
- 晴月石
- 吐影石：位于南山高处。
- 月阴石：又称月吞石、天影石，位于西山高处。
- 腰脚石：位于山路。
- 道居石：同上。
- 豹隐石：同上。
- 虎溪石：位于山路或者山谷。
- 浪切石：位于泷口。
- 浪返石：同上。
- 泷石：又称泷挟石，位于泷左右，仅用一石。
- 水叩石：位于泷落之处。
- 水分石：又称浪分石，置于面向泷坪之处。
- 无名石：又称浪隐石，位于泷坪附近。
- 客拜石：位于客人岛。
- 对面石：同上。
- 履脱石：同上。
- 鸥宿石：位于客人岛附近的水中。
- 水鸟石：同上。
- 安居石：位于主人岛。
- 游居石：同上。
- 腰息石：同上。
- 鹤石：面向蓬莱岛、龟石而立，也可立于方丈岛、瀛洲。蓬莱岛需植松。
- 龟石：同上。
- 竹石：立于方丈岛上。
- 主人石：无主人岛时立之。
- 客人石：无客人岛时立之。
- 州门石：立于池前、入江口处。
- 罗汉石：又称十六罗汉石。并非十六块石头，一石也可立之。如在山中要立于日天石之下。若立于河中，可称罗汉岛。
- 坐禅石：山襟较为平坦之处。
- 八部石：立于影向石侧边，面向水际。
- 蓬莱石：无蓬莱岛时立之。
- 方丈石：无方丈岛时立之。
- 瀛洲石：无瀛洲岛时立之。
- 青苔石：位于山腰、面向水际处立之。
- 寿命石：位于池前，上席之位。

- 富贵石：同上。
- 礼拜石：位于池前中央。
- 烧香石：礼拜石一侧。
- 手挂石：烧香石一侧。
- 父母石：泷一侧。
- 和合石：同上。
- 合点石：同上。
- 金刚宝钗石：位于泷上、山胁边上，或者三尊石后侧或者左侧。
- 鸟居石：不动石下侧、水际边，也可位于三尊石左胁处。
- 游山石：可位于岛上。
- 杯带石：同上。
- 砚滴石：泷坪入口，或者较深处的内口处。
- 龙门石：同上。
- 仙人石：正面山体的边上，或者山的险要之处。
- 钓台石：位于水际。
- 山神石：山高处左右，一石也可。
- 泷波石：泷门石附近水际。
- 金刚石：影向石的副石，面池而立。也可立于与山襟有距离处。
- 四天石：山左右两块，池左右两块。
- 笔架石：面向水际。
- 砚用石：同上。
- 笔石：同上。
- 怒涛石：同上。
- 游鱼石：同上。也可位于池前。
- 寅行石：位于池入江口处，或者位于水下靠近水际处、朝向桥。
- 豹行石：同上。
- 阿石：水际桥左边。
- 吽石：同上。
- 目付石：位于滨洲之崎。
- 通天石：位于通天桥左右。如无通天桥，则不立此石。
- 点额石：位于通天桥之下。
- 磐石 [①]：同上。
- 狮子走石：位于通天桥附近。
- 虎啸石：位于山高处。
- 卧虎石：位于野边。
- 柳异石：位于山襟。

---

① 磐石是神佛降临、显迹的岩石。

- 神石：水门石附近，位于水际或者水中。
- 清面石：位于水中，须深入水下。
- 鸳鸯石：同上，位于池中。
- 激水石：同上。
- 木叶返石：位于川襟。
- 水御石：同上。
- 尘留石：同上。
- 落水石：同上。
- 浪受石：同上。
- 水除石：同上。
- 水门石：同上。
- 桥挟石：桥前后左右可放置四块，前两块石也可用之。
- 三鬼毒龙石：乌枢沙摩明王石，位于雪隐附近。
- 卧龙石：常人之庭的秘诀，不用。

京都大德寺大仙院中相阿弥作庭，役石包括：卧牛石、龟甲石、长船石、虎头石、仙帽石、明镜石、达摩石、沉香石、不动石、观音石、鞍马石、佛磐石。

《梦窗流治庭》："桥"
- 通天桥：横跨正面高山，人不能过。
- 泷池桥：横跨正面池中央。
- 影向桥：同上。但是可以横跨，也可以纵跨。如中间有岛，可架于岛上，此岛则为影向岛。
- 鹊桥：架于池边，两块桥板交错架设。
- 相生桥：双桥。
- 八桥：架八块板。
- 川襟桥
- 丸木桥：可供樵夫通行，架于谷内。
- 藤桥：通行的人非常稀少，架于谷内。

《筑山庭造伝（前编）·上》："筑山的要点"

筑山立石有"真行草"的传统方法。在很久以前，有一位名叫相阿弥的作庭家。看了他所作的图纸和资料，就知道了造园的方法。……但是，并不是说按照（相阿弥）的图那样建造庭园就好。你应该按照自己的方式安排。有时即使没有石头，也会建成更好的庭园。

在营造庭园的时候，应该重视流传已久的方式。比如，在小院子里设置巨大的石头就不合适。大庭园里设置小石头也不合适。另外，在小庭园里营造"真之庭"时，有时反而会使其变得更加丑陋。但是技艺高超的庭园师，即使

图 4-2-7 西芳寺苔庭
(作者摄)

在狭小的庭园里也能制作出极高水平的作品。最重要的是注意根据状况灵活采取"行之庭"和"草之庭"。在营造石峰时，关于如何决定山峰的高度，如上所述的情况判断也是很重要的。

《築山庭造伝（前编）·上》："立石和植栽"

很多载有古法的图纸，多涉及立石、植栽位置等事项。收集岩石，仔细观察其姿态，想办法把直立的、横长的石头堆叠成山峰、瀑布、岛屿等。庭园的形态并不是从一开始就确定的。看到岩石，就联想到充满自然情趣的景观，这才是作庭的魅力所在，也是无法言传的奥义所在。珍视自然造化，拒绝过分人为。

最重要的是，不要在忘记自然的情况下置石。一般说来，庭园的氛围，最令人喜欢的莫过于柔和、幽深玄远之境。栽植植被也是如此。在靠近主空间的地方，种植有枝形、有韵味的树，与模仿山峰岛瀑的立石相呼应。按照风景的样式种植树木，枝叶繁茂，形成湿润昏暗的气氛。古人有诗"冷烟缠山腰，暗水冽石骨。欲风松先鸣，未雨苔已滑"[1]。其所喜好的是，松叶发出飒飒的声音，在下雨之前，苔藓已是湿润的状态。这样的风景，蕴含神仙气。造园人应领悟这种意境（图 4-2-7）。

《築山庭造伝（前编）·上》："泷副石"

瀑布口一定要有泷副石，必须是大石头。佛家称为不动石，不动石的左

---

① 此诗出自宋代白玉蟾《栖霞》："冷烟缠山腰，暗水冽石骨。欲风松先鸣，未雨苔已滑。洞前多琪花，洞里多紫霞。高人得所栖，日永蒸胡麻。"

右设置童子石，数量可以是八块、四块或两块。这代表了八大童子、四大童子和两大童子。不动石下方设置石座。不动明王座在大磐石上。但是，这个石头也可以根据具体情况不设置。

《筑山庭造伝（前编）·上》："蓬莱山"

庭园中央设蓬莱山，这是祝言①。而且，蓬莱山采用龟形。因此，其由龟头石、两手石、两脚石、尾崎石构成。这种结构非常重要。而且，表示蓬莱山的岛叫作中岛，一定要种松树。如果不种树，就用龟头形状的石头代替。

《筑山庭造伝（前编）·上》："二神石"

庭园正面必须在左右设置二神石。二神石又称"二王石""二柱石"。根据石头形状的不同，还可添加两三块副石。关于这一点，只要遵循造庭者的想法即可。二王石也有阴阳之分。

《筑山庭造伝（前编）·上》："瀑布口的石"

在瀑布口设置的石头，有水受石、溪副石、波分石、水分石等。这种设置方式在庭园建设中至关重要。

《筑山庭造伝（前编）·上》："河下游的置石"

河下游的置石有水除石、落水石、浪受石、尘流石、木叶返石、水门石等。

《筑山庭造伝（前编）·上》："客人岛的置石"

庭园两端必有两座岛屿。尽头是客人岛。该岛设置客拜石、对面石、履脱石、鸥宿石、水鸟岩等。

《筑山庭造伝（前编）·上》："主人岛置石"

庭园两端必有两座岛屿。一座是客人岛，主人岛位于里面。在主人岛上，设置安居石、腰息石、游居石等。至于其他的石头，无论有多少，都不属于主要置石。

《筑山庭造伝（前编）·上》："礼拜石"

在三神石②前设置礼拜石。可以是一块、两块、三块。三神石的北侧应该筑山。如果没有山，就种树。

---

① 祝言是原始神道言灵信仰的产物，脱胎于咒语，内容包括祈愿、赞美、歌功颂德和被除罪恶。

② 此处原文为"三神石"，应为"二神石"笔误。

《築山庭造伝（前编）·上》："筑山之石"

　　左后方筑山，设置的石头有山顶石、岭脚石、山腰石、庆云石、雾隐石、晴月石、月阴石等。此外，在山路上设置的石头还有道居石、行路石等。

　　此外，月阴石设置于西山。吐景石设置在东山山顶。在庭园中设置石头的数量，可以参照"真·行·草"的分类，没有绝对的规定。

《築山庭造伝（前编）·上》："上座石"

　　上座石设置于山与山之间，有时也设置在主人岛和客人岛上。无论何种位置，都置于树根处。

《築山庭造伝（前编）·上》："上座石的秘事"

　　寺院庭园中流传一事。那就是在山脚下栽植树木，在树根部放置平坦的石头。这种石头被称为上座石。据传，在天竺摩阿陀国的迦耶山山脚下有一棵欢喜树，树下有一块上座石。三世诸佛出世的时候，因为在此岩石上悟道成佛，因此，上座石也称为正觉石，又称三界独尊石。

　　因此，在庭园里置上座石，往往与修行、悟道的禅机相关联，其本意是表示参佛入道。也有可能在客人岛、主人岛设置上座石。所以，设置上座石是极其重要的，一定要设置在合适的地方。

《築山庭造伝（前编）·上》："桥挟石"

　　在石桥上应设置四块桥挟石。不过，根据位置也可放置三块或者一块石。

《築山庭造伝（前编）·上》："水际石"

　　在水边设置的石头中，有一种叫作"游鱼阴"。选择下面有缝隙，鱼容易隐藏于内的石头。

《築山庭造伝（前编）·上》："石名及位置"

　　鸳鸯石、砚用石、笔石、笔架石、怒涛石位于水中。水御石位于河下游。垂钓石位于岸边。虎溪石位于山道溪流边。豹阴石位于山道。游山石、杯石、带石、砚滴石位于岛上。

《築山庭造伝（前编）·上》："叠石"

　　坊间流传，巨势金冈的叠石是一件很棒的作品。通过叠石，可以在狭窄的庭园里表现出深山幽谷的趣味，只有著名的造园人才能做到，不是初学者能做到的。涉及的内容，包括计算石的竖横平衡、从前向后的方位处理、树木的高矮变化、石根部或者石头中央的遮掩、副石的布置。通过这些方法，从前向后，营造出多重山峰的景观。

　　坊间流传的"十三叠""十九叠"，不是指将石头叠成十三段、十九段，而是通过组合方式，呈现出多重石峰，看起来就像"十三叠"和"十九叠"一样。所以，在小庭园、平庭中也有叠石。

在营造瀑布的时候，如果从上至下处理得像一条直线，瀑布就会显得低矮，景观则显得贫乏。所以，瀑布的上半部用树木遮住，不让人看得一清二楚。在瀑布中段，通过岩石或者伸出来的树木枝条，遮盖其形。在瀑潭一侧种低矮植物。不把瀑布全部暴露出来，就能创造出有数丈落差、匹练一样的优美瀑布景观。

池塘也一样。如果池形是四四方方的，一眼可以看到尽端，就没有什么风情可言。即使是小池塘，也要在形状上有所变化，形成有趣的曲线。在岸边种植草木设置石头，就可以营造出眺望湖海的气象。这些功夫，才是打造庭园的秘籍。

《築山庭造伝（前编）·上》："无水之庭"

无水庭园，除山、岛以外铺白砂，表示河水。营造无水的瀑布。

《築山庭造伝（前编）·上》："蓬莱岛不架桥"

如果中央的岛屿呈蓬莱岛形状，就不要在那里架桥。因为蓬莱岛漂浮在大海上，是仙人居住的岛屿。另外，吹上岛也不要细长的流动形。模仿盐浜的地方不要有耳石，也不要铺设苔藓。铺砂石时要呈现风吹的意向。

《築山庭造伝·后编》："真之山水营造"

守护石：又名不动石、泷副石，是园中诸景中最重要的要素，可称为诸景之源头，能守护一庭之景，故名。不动石位于庭园正面奥口，考虑山形配置与地面，采用四方具足的石头。

拜石：庭中第一石。此石之上参拜本朝神祇和诸菩萨。拜石周围本来不需要任何装饰，但是摹写山水之姿，到达清静坚固的程度，拜石置于中岛，或者庭中其他清静之处。

请造石：又称为体请石，是观赏山、平地泉水的石头。坐在此石上，全庭美景可并收眼底，因此周边无饰物，其位置需要仔细考量。

扣石：泷口与山姿泉水的气色，此石组作为遣水石，其后必为山。如图4-2-8，水盆石突出水面一二寸，如满水则全部没入水面之下，从岸边至此石需要飞跨。

庭洞石：又名上座石、观音石。此石用于引出山景。有瀑口的场合，此处可作守护石。

蜗罗石：地面上的飞石采用千鸟与雁金形相结合的形态。石形大小如蜗，故名，现在又称为伽蓝石。因相阿弥作庭时曾置大伽蓝基座，此石与之形态相似，故以其名称此石。

月阴石：位于山奥，又名见越石。

游御石：图中有两处，分别为上、下游御石，是营造水景的重要置石。泷口至上游御石的地段非常重要。下游御石呼应了自桥端开始至水吐以下的水际线，石头的数量较多。个别石头是前栽植被的骨架。

正真木：用松或者柏两类。此树处于中心位置，其他植物均需要与之协调种植。

景养木：中岛之松。修剪松枝彰显韵味，可形成一庭之景。需要与泷口、水钵、真木等形态调和。

寂然树[1]：栽植此树，形成庭园总体的寂静风格，又名寂然园的寂然树。从此树开始，向纵深方向栽种植物，形成围合。

泷围：按图示姿态在瀑布口周围栽种树木。

夕阳木[2]：采用枫、梅、樱花等开花、叶红的树种，故称夕阳木。此树单成一景。

见越松：庭园面积狭小，栽植于塀外，树种不限于松树。

流枝松：形态类似扁柏，树形充分与泉水相调和[3]。

主山：庭中大山之正面。筑山宜下功夫。谋划之时，需与地面起伏相应，综合考虑山后溪流与奥山[4]配置，以及谷川泷口。此山置有体洞石、守护石，不可设计山道和景亭等物。

次山二：与奥山相接，并从主山间直落瀑布。

次山三：山形和缓，如同丘陵。茂盛的夕阳木提升此山之景。此山可营建山道，需要尽可能延长。如河道在此山脚与溪流相接，能够提升其趣味性。

次山四：山形琐碎，水边道路从远处萦绕而至（图4-2-8）。

《筑山庭造伝·后编》："行之山水营造"

真行草无论何种方式，相同的地方本书省略不记。然而造园中，行之筑山之重要经验是在筑山中省略石组。

山之营造，尽量柔和，且使其趣味浓厚。瀑布口，如真山，临嵯峨，气色不变。优美风景为第一考量因素。

守护石（组石）：也可作为上座石。如果守护石位于次山处，则组石置于主山，兼有上座石的性质。上座石、体洞石，在真之筑山之中，是置于主山的石组。

二段石：形成二段瀑布的手法。

拜石：兼有水盆石的性质，此石需要考虑与二段石的空间关系，瀑口可置水分石与泷滴石。

次山：距离远，体积小，位置需要与水际空间有较好的延续关系。

正心（真）木：栽植需考虑从夕阳木向此处眺望的观赏性，采用柳、樱等树种。

---

[1] 一般指种植于庭园东侧的常绿植物。
[2] 种植于庭园西侧的落叶树种，属于役木的一种。
[3] 临水的植物。
[4] 奥山：纵深的、后面的、深处的山。

图 4-2-8　真之筑山之全图
（引自《築山庭造伝（后编）》，作者改绘图例）

二神石：山后景色空旷，营造此山有稳定作用。可作为水面广丘。

三体石：行之筑山，山形柔和，石组亦随山成形。置石数量少了，为了取得自然之形，尽量降低石头高度。

手水钵：手水钵的置地之样，后篇详述。此处示意与庭园诸景相应之法。以寂然之森作景，手水钵置于此处，往庭中去，以较好地观赏诸景之形。

地桩：本来是用于挡土的，用于庭园的场合，必须注意景观效果。此处也表示石板。石板有长短，也可以整齐划一，但需要与场所的景观特性相宜。

游鱼石：此处也可布置觇石。

雪见灯笼：大部分悠然有云上之姿，又如盛开的花朵（图 4-2-9）。

《築山庭造伝（后编）》："草之山水营造"

真行草之事，如上所说，相同的地方此处略之不谈。草之筑山，如图仅一山足矣。

守护石如图所示。

扣石，又兼作请石，石形宜柔和。

繁茂植被如同篱笆，种植草花、秋草，荫下种植叶兰成为定式，篱影下种植南天或者梅花。

拜石：兼有游鱼石、觇石、请石的性质。置于流水边草坪、苔藓之中，令人回味。

夕阳木位于山脚。

月阴石：要想在月阴石处放置火灯石，则须安放踏脚石。

图 4-2-9　行之筑山之全图
（引自《筑山庭造伝（后编）》，作者改绘图例）

上座石：将心爱之石作为上座石算是园艺技能稍稍提高的表现。但若素材各有名称而无处使用，那是园艺者的愚蠢。所以无论山石树木等等，只需明白其用途，而无须称呼其名。

整体而言，即便无水，亦可以在庭园中营造瀑布口。一如画梅无须画花，只画梅枝干古木，乃上乘之作。瀑布口即便无水，用心做出各种真·草·行的形状，则无需人造瀑布便可令人想象出瀑布美景。这是庭园布置中最需要细心的地方（图 4-2-10）。

《筑山庭造伝（前编）·中》："立石工法"

要立石的时候，首先挖一个适合石头的地穴。挖出的土全部放在离地穴稍远的地方。这是因为，如果堆在地穴的旁边，就很难准确掌握地穴的尺寸等状况，就无法正确判断深浅等。如果地穴的旁边有多余的泥土，四周凌乱，会影响石头的设置。其次要确定要安装的石头特性（形状、大小、重量等），相应地适当放入小石头用于石头固定，再放入一半左右的土，夯实之。根据周围的状况（地形）追加土，再次夯实。这个时候，不能用脚踩实土。在这项工作中，用于夯实泥土的工具是木槌。而且，木槌要根据情况区分大小。安装大石

图 4-2-10 草之筑山之全图
（引自《築山庭造伝（后编）》，作者改绘图例）

头时使用大木槌。设置小石头时使用小木槌。用大木槌顶小石头会失败。大石头用小木槌则无济于事。这种事不仅限于设置石头。使用合适的工具是所有工作的共同点。

　　摆放飞石时，飞石表面直径为 1 尺，设置的地穴为 1.8 尺。如果表面尺寸为 3 尺，则地穴 3.8 尺。其他尺寸的情况下也请遵循这个原则……

第三节　茶庭露地

露地即茶庭，是指从待合（接待口）至茶室的屋外庭园空间。茶室外围空间，室町时代末期称为"坪内"或者"路次"，桃山时代开始至江户时代初期也开始称为"路地"。"露地"本为佛教用语，指上面无任何可覆盖之物，露天之地，譬喻安稳的境地，即摆脱烦恼的境地。露地发音与路地相似，其词义与草庵风茶室的隐遁之意有相通之处，故专门用于指称茶庭。

桃山时代（1573—1603），露地中引入了蹲踞、飞石和石灯笼。庆长年间（1596—1615），古田织部确立了以中门为界，形成内、外两重露地的做法。江户时代初期出现了三重露地的做法，但是因为占地较大而没有广泛流传。茶庭的空间一般较小，在狭小的空间通过折线园路形成容纳茶道仪式的空间。

露地与茶室一起形成固定的组合，因为尺度较小，常常作为江户时代回游式园林的一个组成部分。露地中的标准配置蹲踞、石灯笼和飞石，也常常作为池庭和枯山水的要素。

《筑山庭造伝（前编）·上》："茶人作庭"

茶人作庭，要让人感觉不到人为的痕迹。即使是在街市中，也要营造出能够使人进入自然的山林和深谷的景观。

《筑山庭造伝·后编·上》："茶庭营造之事"

现在茶庭营造不学习庭造之法，完全由茶人造园。然后各人造园相互摹写，导致混杂，茶庭之本义逐渐衰落。此处以图示庭园定式。尽可能详细，可称为

"真"之形庭园。

大家都知道，茶庭与山水平庭的营造之法有很大不同。然而，茶庭也好，书院也好，仅仅是场所不同，都属于园林。茶庭营造的样式来源于茶道传授。

蹲扬踏段石：高度与敷居并齐，比敷居大约低六寸。敷居较高的场合，需要根据现场条件调整高度。离建筑物外壁约四寸，以便将草鞋或者下雨天所用的雨鞋置靠壁边。石头的形状，应该顶面平坦。此石在园内的重要性第二，踏口位于中部，注意要使得其与建筑物方向垂直。

刀悬石：为二段组合，如图示放置。如方向偏离距离较远时候，在侧方向铺设千鸟状飞石连接。

蹲踞手水钵：是茶庭中最费工夫之处，也是重要的场所。此处石组由汤桶石[1]、手烛石、前石构成。面向蹲踞手水钵的右侧是汤桶石，左侧是手烛石，中间的是前石。手烛石稍低，汤桶石稍高，前石在其间也较低。手水钵后面立有灯笼。

传石（飞石）[2]：庭园中一般铺六块。茶庭中有所不同，首先，心中应以前石为拜石，以蹲踞为守护石。

扫除口与桐户口：直至桐户口的空间，为茶庭主体空间。配置传石，以及水井、手水钵，形成整体景观。因此，垣根、轩下，直至尘穴（垃圾口），均需要充分注意。庭园中铺设的苔藓以及落叶，均成为茶庭精神之表现，令人想起和歌"深山中的寂寞之道"。这种景观即为山水。

待合砂雪隐[3]：已有定式，但是可以根据前后、左右的不同条件进行调整。刀挂、桐户口、扫除口等也要与具体的场所相调和。

不限于雪隐，建筑物也是主人的趣味所在。所以十个人有十种不同的看法。庭园是主人之庭园，因此需要充分理解主人的趣味。充分考虑这一点，营造最好的庭园。

茶之间的庭园，极寂之庭，没有绝对的样式。与栽植、苔藓、飞石相比，蹲踞更加重要。各种茶庭中，扫除不易，容易成为大家嫌弃之事。因此，必须重视扫除之事。茶庭中最重要之景，是蹲踞、手水钵的位置与式样。手水钵类型式样较多（图4-3-1～图4-3-3）。

---

① 冬天茶会放置汤桶的石头，顶部平坦。

② 安土桃山时代露地中开始使用的步行道路用石。根据《露地听书》，千利休认为飞石应走路便利性占六分，美感占四分。古田织部则认为便利性占四分，美感占六分。飞石尺寸一般直径为30~40厘米，足够一只脚站立即可。铺设形态包括直打、二连打、二三连、四三连、千鸟打等类型。起始的飞石称为踏始石，终点的飞石称为踏止石，踏止石可能同时兼有礼拜石和蹲踞前石的作用。见《岩波日本庭園辞典》第558，559页。

③ 内露地中的便所，1.8平方米，由前石、足挂石、小用返和里返四块石头置于中央，周围铺砂和木片。砂雪隐实际不会使用，往往成为构成露地景观特质的要素。与之相对，外露地的便所称为下腹雪隐，具有实际的功用。见《岩波日本庭園辞典》第162页。

图 4-3-1　定式茶庭全图
（引自《築山庭造伝（后编）》，作者改绘图例）

图 4-3-2　极淋寂之茶庭之全图
（引自《築山庭造伝（后编）》，作者改绘图例）

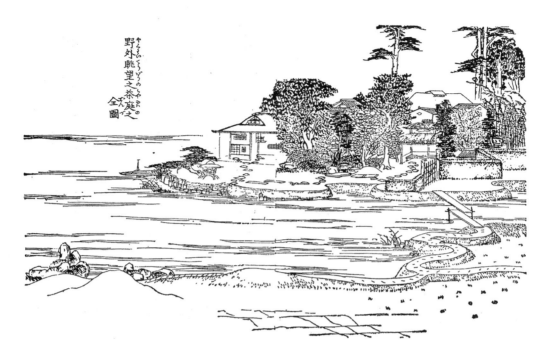

图 4-3-3　野外眺望之茶庭之全图
（引自《築山庭造伝（后编）》）

《築山庭造伝（后编）》：玉川庭

唐代园记中，玉川庭可追溯至唐代陆游饮茶之时。卢舍随陆游学习茶事，逐渐确立自己的风格。卢舍的饮茶风格曰通仙式。其人在玉川一带，与友人一起游乐，每人携带一品之茶尽兴而来，故此式改称为玉川式。庭中引流水，以两石为主体，承担煎茶之事，称为玉川庭。庭中二石为神潜石和灵报石。

按照本邦此类风格，玉川庭存在于镰仓、《四奏庵夜话》中有图，此处不再详述。通仙玉川式这种茶道之义，来源于名为"通仙"的茶具，这与茶庭的关系较为间接。此处仅记载关于茶庭之事（图 4-3-4）。

《築山庭造伝（后编）·中》：露地庭图解

露地是造园中的高级空间，是通过步道、植栽，沟通入口和茶庭，营造出可供客人通行的庭园空间。这种造园也存在于广域园林中。

通道配置飞石。从茶室附近开始，按照顺序向远处铺设。露地大部分地面有苔藓，让人有幽静之感。沿着到茶室的路线铺设白砂。这是为了让人走入庭园时候，白砂衬托出周围苔藓的静寂感。周边植栽部分用苔藓覆盖，烘托出周围寂然的气氛。

另外，根据主人喜好，增加"阴（阴影）阳（光线）"的表现手法。沿着通道可以配置守护石、上座石（茶庭中称为腰挂石）、二神石。与此相适应，

图 4-3-4　玉川庭园
（引自《筑山庭造伝（后编）》，作者改绘图例）

次路弯曲的地方，设置灯笼照射守护石，能增加庭园趣味。

另外，在阴影隐蔽之处设置厕所，整治用于排水的水道。（排水水道一般采用铜管。露地的水路设置非常重要。如果有排水水路，肯定有作为水源的水路。在进水水路最合适的地方设置手水钵）

植栽方面，万年草、栀子花、叶兰、杜鹃等作为下木，上木则采用松、槇、南天、木斛等。花卉则用樱花，当然也有喜欢枫树的。

另外，沿着流水，也可以在合适的地方种鸢尾花、棣棠花（山吹）、萩等草类植被。比如种植萩的时候，给人在原野中玉川流淌的意向。种植棣棠也有这样的感觉。

以前，足利义视的宅邸中，曾营造了观赏菊花的露地水路。在作为入口的木户门上，挂有写着"玉川关"的匾额，实际上是在园内呈现玉川的景观。露地庭园，就是这样的高级造园。

入口茶室前，布置踏分石，配置高一层石阶，也就是定式中的沓脱石（脱鞋）。外露地（从木户潜行内露地之前的庭园）的场合，应根据情况进行设计。庭园是坐在椅子上可以眺望的。因此，砂庭中，为了形成基本的结构，需要对石组尤其用心。完全不用植被，只采用石砂的砂庭营造法是有的。基本构造后面另外说明。

茶庭与露地庭有很强的关联性，但是人们经常忘记这一点。关键要重视

图 4-3-5　路地庭之图
（引自《築山庭造伝（后编）》）

往返通道。另外，茶庭需要静寂和侘的氛围。因此，露地不仅仅需要美观，还要追求古老的感觉。茶庭带给人闲散、悠闲之感，体会时光流逝。无论面积大小，这一点必须牢记（图 4-3-5）。

《築山庭造伝（前编）·中》："露地门柱的嵌入方式"

　　露地门柱子的粗细，根据左右垣（墙）或门的大小确定。柱子的长度，门户的宽窄，设计平衡是最优先的事。然后，柱根部烤好，周围放入石头充分地固定。

第四节　平庭与小庭园

　　平庭是在平坦的基地上，配置石组、植被形成的庭园。与池泉筑山园较为起伏的地形相反，平庭的地形较为平坦。露地、枯山水大部分都是平庭。《余景作庭图》所载的江户时代庭园样式中，并木庭、芝庭属于平庭。并木庭是在园内凿遣水，池岸边栽种四季植被，地面上铺草坪、置飞石。芝庭是在园中种草，草中有弃石（舍石）石组（图 4-4-1、图 4-4-2）。

　　根据《岩波日本庭園辞典》"坪庭"词条，坪庭是指周围被建筑物围

图 4-4-1　并木庭
（引自《余景作庭图》）

图 4-4-2　芝庭
（引自《余景作庭图》）

合的中庭。平安时代，坪又称为"壶"，指周围被殿舍、垣围合的室外空间，《枕草子》^①中有记载在壶中栽种植被的做法。坪庭中栽种紫藤，又称为"藤壶"，以平安宫中的飞香舍藤壶较为有名。坪庭空间狭小，其营造以植被、景石、飞石、手水钵、灯笼等为主，地形一般不做起伏，属于平庭的一种。

《築山庭造伝（后编）·上》："平庭"

　　……

　　平庭中，装饰的要素是山水。首先筑山，模仿深山幽谷，平庭多模仿海岸岛屿。因此，同样是山水，有所差别，不应强行限定。园林中，不是没有根据喜好引入天桥立^②风景、在平庭中创设石山风景之事。然而，即使景观幽玄，趣味、稳重的造景之法仍是平庭装饰之根本。深山幽谷巍峨玲珑，海岸岛屿悠悠渺漫，均可成为筑山与平庭的营造体验（图 4-4-3）。

　　此处的图示（图 4-4-4），显示了"真"之平庭的营造法则。领会其中的完全之意，可以描写诸景营造"行·草"平庭。本图亦为御书院庭园、寺院方丈庭园之图，记印之处显示了置石的样式。图中：

　　守护石：五组置石营造出瀑布口，图中可见石组组合方式。此处是全庭园之首头，自此逐渐展开庭园布置。故首先分配地面区划，按图营造。虽说应该引入诸景，然而全庭要素不变。依此能营造"真"之庭，亦可用于其他庭园。

---

　　① 《枕草子》是清少纳言（约 966—1025）的随笔文集，大约成书于长保三年（1001 年），内容涉及风土地理、草木花鸟和日常生活。作者清少纳言，平安时代中期著名歌人、文学家，曾出任一条天皇皇后藤原定子的女官，中古三十六歌仙之一。

　　② 天桥立是京都府宫津市的名胜地，其深入宫津湾，长 3.4 千米、宽 20～70 米，以白砂青松之景驰名。与松岛、宫岛并称"日本三景"。桂离宫中有摹写之景。

图 4-4-3　风流悠玄庭相之图
（引自《築山庭造伝（后编）》，作者改绘图例）

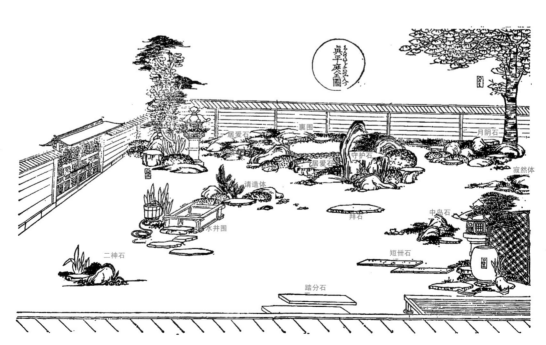

图 4-4-4　真之平庭之全图
（引自《築山庭造伝（后编）》，作者改绘图例）

居爱石：对于筑山来说，此处乃"一之山"。置扣石、体洞石，另成一座。在稍高的地方有平地，又称"吹上荡漾坛"，对平庭有装饰作用。其上应置上座石。此上座石又名座善石（座禅石）。石灯笼前后有植物和石组，与居爱石形成轴线。

中岛石：又称为主人岛。筑山则称中岛，平庭则称篱岛，因有拜石或者其他具体原因，与守护石保持一定距离。

请造体：意为能够请得庭园中诸景。如没有角度方位方面的障碍，请造体穿井取水滋养草木，呈养育万物的完备之形。

月阴石：处于庭园较深的位置。其营造形态突出远岛的连续性，亦有云上之姿突出玄妙性。根据造型样式，呈现远近效果。或者使得近处有远观之效果，这样的做法很高级。

踏分石：图中为三番石[①]，"真"之平庭中不置飞石，故脚踏停于三番石上。无论往哪儿去，此处都是踏分石。筑山庭园中，此处为蜗罗石。

短册石：此图也可以作为通向手水钵水上石的步石布置图。

水井围：筑山平庭一样，可按图营造。营造时要考虑从正面取水比侧面方便。

裏围：筑山庭中为次山三处，虽然是同样手法，筑山园中是装饰性的，平庭中则作为远景，置立石，形成远方的岛屿和连续的洲滨之景观结构。总体来说，平庭应营造出汀的景观。对营造者来说，创设出远去风景的方法非常重要。

二神石：筑山图中对此有详细阐述。对于平庭，此石引出全庭幽深之景，是园内诸景的补充。

寂然体：此处置所爱之石，实际上置石可不限于此处。但是数量过多，会变得难看。因此应临机应变。

拜石：有筑山泉水的时候，置于中岛或者山中人不至之处。同样，平庭中如没有人不能至的位置，需要充分考虑的是置石本身的问题。以平砂形成海面与泉水的模样，拜石成为全庭的眼瞳。因此所置之处需要有利于容纳诸景。

《築山庭造伝（后编）·上》："行之平庭"

守护石：此处按照"真行草"共通的样式营造。但是，真之庭中，通过模仿瀑布口的做法形成远屿幽玄之景。行之庭中，守护石周边植被茂密，其位置应置于高处，形成威严的构造。此处之石可作为三尊石中的上座石，其后侧植被茂盛。

守护木：可为全庭增色。植被之中是铺满苔藓的五重塔式石灯笼，雨夜来临之际，秋日暮色降临，灯影吸引着各类昆虫。行之庭应营造出如此生动的风景。

居爱石：其位置选择靠近生长良好的树根，面向该石的荡漾坛和守护石，营造出守护石自远方浮现的氛围。为此，背景需要选择粗壮雄健的植被，种植

---

① 三番石，又名乘石，原意指茶室出入口位置，从茶室数第三块脚踏石（第一块称为踏石，第二块为落石，第三块为乘石）

图 4-4-5 行平庭全图
（引自《筑山庭造伝（后编）》，作者改绘图例）

后会增加威严之感。所以，在主树周围种上柊树之类的很多树，守护树应选择枝叶长得茂盛的。若所选之石品相不好，应选用较大的石块，通过植被掩盖。

月阴石：为了提升纵深门户景观，小门口覆盖大量树丛，营造出凄凉、苍茫之感。走至此处，如使人有优雅之感则最好。

水井：采用苔藓修饰水井，通过伞松、杜鹃等植物营造出氛围。真之平庭中不需要营造这样的效果，倒水的场所做成流水形态。

二神石：面向水井。此处根据场地大小，临机应变调整置石。

寂然体：用石较小，植被茂盛幽秘，难以呈现具体的形态。此处风景如图，茂盛广幽。

短册石：按定式。

飞石伽蓝石：行之庭的营造中，采用"九字"组合方式。本图未采用短册石的十字交叉方式。

拜石：守护石石组中的组成要素。顶端平坦，石块较大，位置较低，是全庭之眼（图 4-4-5）。

《筑山庭造伝（后编）·上》："草之平庭"

"草"之平庭的营造风格看起来是变化多端的，一般人较难理解。不论何种造园风格，皆有其基本的要素组合。这种要素组合在"真"形中能非常明显地呈现出来。本图印记之处所显示的皆为"草"之平庭的基本要素组合。

"真"之平庭诸要素尽可能纳入园内，但是营造简略，故称"草之真"。在园内呈现部分的"真"形态要素，则为"草之行"。取山麓岛汀等风景片段，则为"草之草"。无论何种"草之行""草之草"之程度，必须有守护石、守护树、请造石、拜石、二神石。飞石、树木、灯笼、手水钵也是园内必备品。领会"真草行"，即了解如何创设自然之庭。

守护石：此处按照定式有三尊石。此组合方式可用于多种场合。草之庭的场合，此组合包括拜石、添石以及水上石，置石无表里之分。石组结构无明确方向性，依据其定式组合石头。松树、山茶等植物不可以作为下木种植。石灯笼不限于雪见灯笼一种。如果有井甚好。

请造体：是作为守护石的装饰，采用非常奇丽的石型组合，看全图可知。总之，园内东西较少，分别放置，比例合理，可达到令人回味的效果。

二神石：与请造体一样，与飞石的搭配较为重要。

植栽：弥补院内之景（图4-4-6、图4-4-7）。

《築山庭造伝（后编）·中》："小庭园营造心得"

在大庭园中营造出小庭园意向，在小庭园中映射大庭园之趣味。若不知其法，则小庭园显得空间拮据，大庭院显得空虚赢弱。小庭园有宏大之感，大庭园造景缜密，此乃造园之要点。各类庭园，作书、绘画、建筑也需要掌握这个技法。

图 4-4-6　草之平庭全图
（引自《築山庭造伝（后编）》，作者改绘图例）

图 4-4-7　酬恩庵方丈庭园
（作者摄）

如同书法家、画家创作优质作品需要优质的材料——墨，造园时也需要优质的素材。若缺少好的素材，所造之园如同素人外行一样，因此在此处举例一二。

上面所示"真行草"的图式，在脑中显现。即便经验不足，营造之前未见到的庭园，以图作为造园之参考，也能应对各种条件营建出优异的庭园。

比如，"真"之庭园中，守护石组由三块石构成。在主树的树根处，另外再配置两块石，五石构成守护石组，增强了守护石的意味。大小庭园皆可采用此种置石方法。还需要根据庭园条件，增减置石高度，形成恰到好处的平衡，这称为"庭园用墨"。

无论园林之大小，景物过大则显得空间拮据。在小型庭园里配置小景物，拘泥于配置法则，配置方法显得非常醒目，全体的平衡则容易导致崩溃。因此，需要小心确定尺寸、数量和位置，这样就形成了所谓"幽玄"等造园心得之说。所谓"幽玄"之心得，景物平衡感较好，大物助小，小物补大，形成良好的组合关系。

置石一组、二组，形成庭园景观，学会最优组合，称为"黄应"心得。此法之深义，难以文章说明，以图解释最好。

《築山庭造伝（后编）·中》："中潜之庭（书院庭园）"

　　书院庭园，一般都是砂庭。因此，首先铺设苔藓、草坪。如果不在平坦的部分铺设白砂的话，可以通过石组和苔藓创设出同样的效果。植栽无法创设出"静寂"的意境。因此植栽要少，石组使用七分，形成行、草之园。对于茶庭，石组同样重要。

　　此处的书院庭园图（图4-4-8），显示的是位于面向书院的狭窄空间，五坪（15.5平方米）或者七坪（23平方米）大小，无法筑山和挖掘池沼。城中的屋宅庭园，面积小，如果不预先计划，难以造园。在狭小之地，创设让人感觉旷阔的环境。首先要注意，庭园景观要让人感受凉意。园林与住宅视为一体。

　　《徒然草》中讲，冬季在任何地方都可以居住，而夏季，庭园是必须有的。暑气是居住的大敌。过深的水不一定使人凉爽，较浅的流动的水体使人很远就可以感受到凉意。庭园给居住之人带来凉爽即可。

　　冬天客人来访时，庭园未必能给人多少愉悦。庭园的活力主要存在于春夏秋三个季节。浅流之水带来凉意，不仅仅是物理效果，还使人精神解脱。杨万里有诗作"矮屋炎天不可居，高亭爽气亦元无"。也就是说，"过犹不及"，过多的水破坏了景观，不可以做过头了。"凉意"的呈现非常重要，必须控制好。

图4-4-8　中潜之庭之全图
（引自《築山庭造伝（后编）》，作者改绘图例与底图）

《築山庭造伝（后编）》："殿中居间前庭"

殿中居间前庭，为了保证视野通透，一般不种植树木。当然，如果主人喜欢，也可以在园内设置山林部分。充分发挥御殿和居间之庭的美，创设令人心中洁净的景观。设置水井和流水，可以洗冲掉污垢。庭园回归宁静柔和之感。

置石按照"真之形"，取得安定之感。根据业主喜好，在园内植树的时候，不要置于居间之前。园内主要石组可以是守护石、坐禅石，根据主人喜好即可，但是与筑山平庭一样，不要置于居间之前。垣根和袖垣①，根据主人喜好决定粗或者细，但是必须与居间前庭的构成相协调（图 4-4-9）。

图 4-4-9　殿中御居间前之庭造
（引自《築山庭造伝（后编）》）

---

① 茶室与书院庭园中，靠近建筑物向庭园方向以直角突出的短垣，主要用于遮挡和隔离。

第五节　手水钵与石灯笼

　　手水钵是指盛水的钵，用于洗手、漱口，主要为石制，也有铜制或者陶瓷制品。日本的神社和寺院中，人们参拜之前需要清洁身体，因此常配置手水钵。庭园中配置手水钵，可以追溯到千利休时期的露地。最初是采用自然石头，或者在石臼中开石穴的做法，千利休则采用了在石造宝塔的塔身中开穴的做法。江户时代出现了各种形态的手水钵，成为庭园中重要的组成要素。主要类型有两种。一种称为蹲踞手水钵，以露地蹲踞为中心。一种称为缘先手水钵，置于建筑物外廊端头^①。

《築山庭造伝（后编）·中》："手水钵的设置"
　　手水钵，置于通向书院的通道边，起到装饰性作用，称为钵蹲踞。这种类型尺寸较大，是书院用的钵。如果与房屋相协调，手水钵必须巨大。但是这样会扰乱庭园景观。因此，采用一般性的尺寸，非实用性的。…… 因此，大书院的手水钵就是庭园的装饰物，实际不用于洗手。
　　寺院较大的方丈广庭中也设置手水钵。如果没有这个，很容易变得不好。在离外廊较远的地方设置较大的手水钵，会有功能设计方面的问题。因此，设置的是装饰性的、外观协调的、大小一般的手水钵。
　　另外，庭园水路循环，单独设置水房，在外廊设置汤桶。
　　较大书院庭园手水钵虽然是装饰物，但毕竟是手水钵，与实用品是同样的外观构成。即使装饰性的手水钵，钵也要置于屋檐外面。
　　另外，手水钵靠近厕所。因此，在厕所与建筑物之间设置袖垣，并栽种植物。这样就隔离了不洁之物。同时，正是因为有不洁之物，植栽、墙根需要做得美观。另外需要设置通过植栽半遮掩的灯笼。

---

　　① 《岩波日本庭園辞典》，第201页。

《築山庭造伝（后编）·中》："定式手水钵的设置"

　　手水钵放置于从家屋中障子^①难以看见的场所，即外廊道的端头。但是不限于全部都置于这些地方。以前，布置的方法有很多。非正统场合，设置于主屋与次屋之间，或者偏向庭园一侧、设置于外廊道的拐角。不管有什么样的障碍，例如，在主客厅里有厕所的情况下，即使没有设置洗手所的地方，也不能让手水钵离次厅太远。因为这会让重要的客人走得更远。

　　另外，市街地中的庭园，基地狭小，有时候难以留出靠近房屋的洗手所。这种情况下，可以设置于庭园内。一般设置于主屋的下座方向。无论何种情况，必须要好好考虑人的行为方式，根据周边条件做出调整。

　　洗手所前面设置的置石，有蹲石、水扬石、水汲石和清净石。这四石都称为役石。水扬石置于手水钵前面，一半被遮住。蹲石是外廊道前的置石，以青石最好，踩过去的时候，需要弯腰曲身。水汲石置于地面，形态平整，来客洗手时候，站在水汲石上，用柄勺（舀水的工具）取水，所以称为水汲石。清净石置于洗手所后面一侧，从手水钵后退时候通过此石。

　　手水钵，设置得必须厚重结实，可采用丸石、岩石和桥杭石。但是，跟随时代变化，手水钵也有所改变。无论怎么变，水槽都是需要的。在其中放置小石头，遮掩排水口。水槽中经常换水清洗。遮蔽排水口的小石头不断被流水冲洗，也会吸入排水口。

《築山庭造伝（后编）·中》："作为蹲踞要素的手水钵"

　　蹲踞不是茶室专用的配置。大多数庭园中都会设置。在通往厕所的通道边，需要设置蹲踞。蹲踞与其中的主体手水钵，是用清水洗手、清洁身体的重要道具。因此，种植苔藓，引导清水，反映出洁净清新的面貌。

　　与茶室相邻的庭园，通道应与手水钵、蹲踞一体化考虑。一般的庭园中，蹲踞引水，置于外走廊附近。因此，茶室庭园中，采用导管引水至水槽，使水更加清洁。

　　手水钵，有枣、四方佛、袈裟形，也有使用金属水槽的钵，都置于台石上。这样的话，可以创设出更深的情景，施工面也较容易设置。台石上设置的东西，显得坚固、稳重之感。

枣形手水钵放置方法如图4-5-1。

　　·蹲石：位于竹子较多的一侧，采用青石。

　　·台石：使用大石，图中显示了厚重感的设置方法。台石上设置手水钵，设置呈现出轻松的特征。

　　·清净石：别名为觇石。采用直立置石。

图 4-5-1 枣形手水钵
（引自《築山庭造伝（后编）》，作者改绘图例）

· 水汲石：设置于高贵人家中。家臣立于其上，伸出汲上来的水。
· 水扬石：在手水钵换水冲洗时使用。
· 湿扫石：前面挖出长度 2 尺到 3 尺的沟，其中敷设砂石，导向手水钵。
· 丸小石：用于遮蔽吸水口，设 5~6 个。

濡石与手水钵之间留出一尺五寸至二尺五寸左右的距离。考虑好手水钵大小、引水竹管装置的形状，再决定其尺寸。

手水钵的形态多种多样，包括先枣形、圆星宿形、方星宿形、石水壶形、石水瓶形、船形、铜壶形、伽蓝形、司马温公形、岩钵形、富士形、水钵形、涌玉形、宝珠形、桥杭形、袈裟形、四方佛形、蹲踞形等。

桥杭、圆星宿、方星宿、岩钵等手水钵，直接埋设到地面，不使用台石。

也有使用筧（引水的竹管）的手水钵。这种场合，要放置于称为台柱的背比较高的台石上。在台柱周围置石，以便对其遮掩。

手水钵中有称之为職形和桥形的，作为放置于渡殿的添置物。另外，所谓钓手水，是将手桶吊在下面的东西。洗手时候，水落的方式，可以通过各种实物设置。

其他，各种类型的手水钵都有，要好好把握其形态和特性，选择最合理的放置方法。无论怎么做，按照其形态选择最适合的构成与设置方法。请学习一下图示和施工案例（图4-5-2~图4-5-8）。

《築山庭造伝（前编）·上》："石灯笼的设置"

石灯笼的设置场所表达了不同的意义。关于灯笼的高度也有各种各样的传说，但没有绝对的尺寸规定。总而言之，考虑到灯笼的大小和庭院的宽窄，平衡好设置就可以了。但是，灯笼的灯光和由此产生的影子，如何倒映在水中，这是需要考虑的问题。

图4-5-2 桥杭形手水钵
（引自《築山庭造伝（后编）》）

图 4-5-3　大书院庭饰手水钵之全图
（引自《築山庭造伝（后编）》）

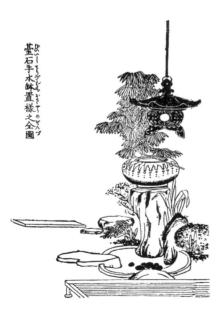

图 4-5-4　台石手水钵、钓水桶手水钵、石柱手水钵放置图
（引自《築山庭造伝（后编）》）

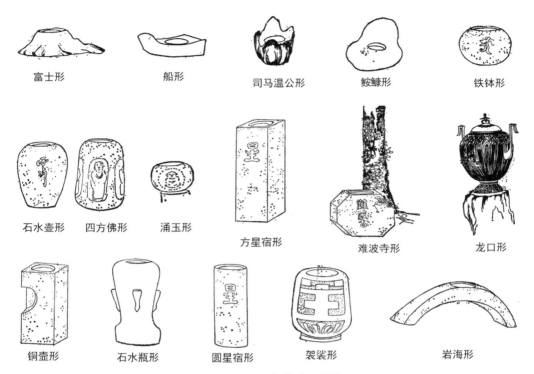

富士形　　船形　　司马温公形　　鮟鱇形　　铁钵形

石水壶形　　四方佛形　　涌玉形　　方星宿形　　难波寺形　　龙口形

铜壶形　　石水瓶形　　圆星宿形　　袈裟形　　岩海形

图 4-5-5　各类型手水钵
（引自《筑山庭造传（后编）》，作者重绘图例）

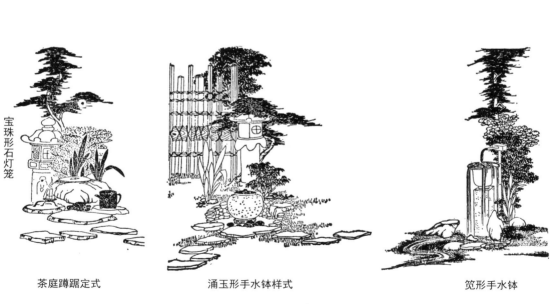

宝珠形石灯笼

茶庭蹲踞定式　　　　涌玉形手水钵样式　　　　笕形手水钵

图 4-5-6　手水钵图
（引自《筑山庭造传（后编）》，作者改绘图例）

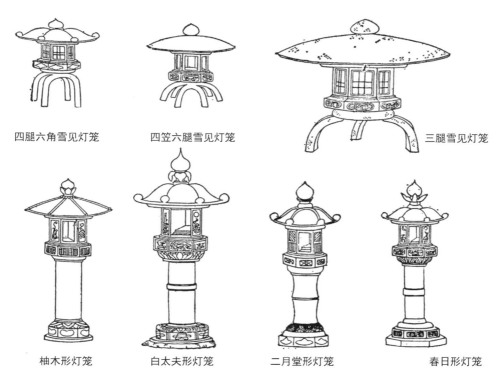

四腿六角雪见灯笼　　　　四笠六腿雪见灯笼　　　　　　　三腿雪见灯笼

柚木形灯笼　　　　白太夫形灯笼　　　　二月堂形灯笼　　　　春日形灯笼

图 4-5-7　《筑山庭造伝（后编）》中所登载的石灯笼（一）

渔父钓形灯笼　谁屋形灯笼　苫屋形灯笼　大佛形灯笼　远州形灯笼　织部形灯笼

珠光形灯笼　道识形灯笼　秦形灯笼　宫立形灯笼　龙灯笼　高丽三重宝灯笼

图 4-5-8　《筑山庭造伝（后编）》中所登载的石灯笼（二）

另外，灯柱等看上去方方正正，毫无风情。所以，不要放置得太正，角度稍微斜一些，使人有幽远之感，就比较有趣了。参考京都的庭院，就可以理解这样的设置要点。

《築山庭造伝（前编）·上》："石灯笼"

从石灯笼到洗手钵，使用的石头中，最高级的是大和国的御影石。第二位的是丹波石。第三位是京都的白川石。第四是滋贺县的木门石。其他天然石灯笼和洗手钵，必须是具有奇妙特性的石材。例如，用在各种地方能得到的稀有石头、海中的石头等做成的洗手钵，就是这样的东西。这种珍品如果不引起作者的好奇心，就没有必要随意使用（图4-5-9、图4-5-10）。

图 4-5-9　兰溪石灯笼
[引自《築山庭造伝（后编）》]

图 4-5-10　酬恩庵的手水钵
（作者摄）

《築山庭造伝（前编）·上》："石灯笼、洗手钵等做旧方法"

新的石灯笼或洗手钵，想让其早点变得古旧，就在石头上涂上鸟离①，在上面撒上大量落叶。这样，落叶会因露水或霜冻而腐烂，并生出白苔，形成绝妙的古旧印象。如果想沾上青苔，可以多次浇上淘米水。另外，将蜗牛打碎，将其汁液擦在石头上，放在树荫下随时泼水，也会生出白苔。新石头很快显得旧。

---

①　树叶制成的黏性物，用于涂在干头抓鸟和昆虫用。

第六节　植栽与垣

植栽与垣均为造园中的重要元素。以中国、日本庭园为代表的自然式造园,植被往往保持自然的形态。日本传统造园中常用的植物品种有松、梅、竹、枫树、杜鹃、万年青等。

垣,又称为垣根,是庭园中限定空间进行围合的构造物,主要材料包括木材、竹、土、石头和植被。从功能上分类,包括围合空间的围垣、分隔空间的仕切垣,以及为了遮掩视线而设置在建筑物旁边的袖垣。以植物为材料的又称为生垣(篱笆,树篱)。

《築山庭造伝(前编)·上》:"主空间花木"

万年青、紫竹不要在主要空间种植。万年青的名字不好,紫竹据说是被娥皇女英(中国传说中的皇帝尧帝的妻子)的眼泪染成这种颜色,所以不吉利。此外,芭蕉不可以在主人岛上种植。因为在风中叶子很容易被吹破。

《築山庭造伝(前编)·上》:"植被移植"

把植物种在适当的地方。不要把长在深山老林的种在水边,也不要把长在水边的种在山野里。

《築山庭造伝(前编)·上》:"冬木枯木"

冬木是指在寒冷季节落下树叶的树木。这样的树不要种在主空间里。但是,梅花等是例外。另外,像这样与环境不适应称为"离别"。这样的事情会让人忌讳而放弃。

《築山庭造伝(前编)·上》:"溪间植被"

在溪谷应栽种蓣、芝兰、紫苑、菊花、玉簪花、芍药、萱草等植物。

《築山庭造伝（前编）·上》："草木适宜之地"

栀子、柏、枫、葛等种植在山上。女郎花种在原野上。万年韭、梅花、菅等种在岛上和山上。沈丁花、梅、藤、百合草等种在山里。莲、菖蒲种在泽中。芙蓉、银杏、伊吹圆柏、黄梅、杜鹃花等植物种在山上或岛屿上。

《築山庭造伝（前编）·中》："桥头植被"

桥端的植栽是指在桥前栽植的树木。在这种情况下，注意让枝叶落在桥上，并让它倒映在池塘的水面上。关于树种没有特别限定。

《築山庭造伝（前编）·中》："飞泉障木"

在瀑布口和瀑布前面栽植树木，是为了遮住流下的飞泉，营造出深处有些阴暗的氛围。树种方面没有特别的限制。不过，应避免落叶树（冬树）。

《築山庭造伝（前编）·中》："池边树木"

在池塘边种植的树木，使其枝条伸到水上，在烈日下也能显得凉爽。或者，设想在眺望月亮的时候，将树枝伸展成与之相适应的样子。这些不仅仅是作庭时的景观，而是经过时间洗礼的风景。树种没有限制。

《築山庭造伝（前编）·中》："种植要点"

所谓栽植，并非只是毫无意义地栽植树木，之后确保通路就可以了。先施石组，开通道，之后再栽种植被。要做成有情趣的景观，要注意看、听、知。飞石的趣味、乡野村落、山脚、山间都存在引人入胜的风景。

自古以来，文人雅士都将山野的形象融入景观营造中，形成了精彩的作品。比如，道安老人（安土桃山时代的茶人，千利休的长子）在庭园中保留老旧的房屋，创造了一种美妙的茶庭氛围。另外，如果有大树，就先种植这些树，如果有大石头，就先考虑置石。此外，在庭园中再现远景时，调整树木的高度，在眼前种植高大的树，然后逐渐种植矮小的树等。

....

千利休说，在近处种植高大的树，远处种植矮小的树来强调远近感。古田织部[1]说，在近处种植矮小的树，远处种植高大的树，来消除远近感。在茶庭中种植枞树始于古田织部，种植竹子始于片桐石州[2]，种植南天则始于桑山左近[3]。

《築山庭造伝（前编）·下》："钵请树"[4]

---

① 千利休的弟子。
② 江户时代的茶道家。
③ 安土桃山时代的武士和茶道家。
④ 种在手水钵后面的景观树。

最好是在手水钵后面种上树木，人们为了洗手而弯腰时，枝叶稍微伸展出来，这是最好的。但是，如果在离水面一尺二三寸高度有枝叶，应向前伸出不宜过多，稍微盖住的状态即可。这里使用的树木以马醉木、锦木、南天竹、万年树等常青树为佳。其他的常青树也可以，但要选择不易生虫的树，能防止毒虫侵入洗手水中。

钵前的景色主要就是钵请树。所以，选择树形好的树。蹲踞手水钵也是如此。

《筑山庭造传（后编）·中》："关于植栽"

处理苔藓的时候，一定要小心翼翼，水分要给足。为了使其固定，可以稍微踏压。苔藓不够的时候，可以加一些细土，多栽植一些，适量增加水分。时间上来说，最好是春天栽种，这样生长一个月，就成为漂亮的苔庭了。但是要注意避免强烈阳光照射。另外，苔藓喜欢黑土，无法生长于沙地。

三月份清明时节种植萩较为合适。这种植物有一些弱点。其本身比较强悍，养育较为困难。肥料多了，虫子就多，容易造成叶子枯萎。六月培土后不要撒肥料。花谢之后应立即剪枝。

棣棠不可以年年换植。严寒季节，新芽容易枯死。因此最好是春天或者秋天种植。因为是种植于水边的植物，所以在坡地上因为水分较少，花小且数量少，花色会非常难看。从秋天到冬天，花谢后立即剪枝增肥。

杜若，需要隔两年或者三年换植一次。否则，开花会比较小。需要较深的泥土层，浅层土不行。花枯萎后20天剪枝。四季开花的话，不用剪枝。

万年青（藜芦），种植于黑土和沙子混合的土层上。叶形以锹形为好。

樱花树是最不喜欢剪枝的。种植的时候，大苗很难嫁接，小苗也很难切根嫁接。在不剪枝的前提下，纠正树形、培育樱花树。种植多棵的场合，要在其间种植松树，形成常绿与红花的搭配。

枫树喜欢湿润土地。剪枝过头了就会枯死。因此，从小苗就开始精心抚育。如果光照不够，红叶不会生长。阳春季节种植的话，大树也容易成活。但是，也有可能三年内突然枯萎。本来，树木长大了，施肥就没有必要了。枫树的树叶一定要光照充足。

松树的换植，一般在十月到第二年二月。新掘的树木，在一月末（早春）种植最合适。也应避免新叶完全没长出来的时期。要点在于，天气逐渐寒冷，秋天到冬天，再到温度逐渐上升的早春、新叶发育出来这段时间中间最好。

种植后，每年不需要非常费心地管理。但是，要连续地修理叶片。这是松树与其他树木的不同点。其他树木要每年修剪，但是枝叶还会生长。这是因为它们有发达强壮的根系。但是，松树的根和叶几乎同时开始发育，因此，不用剪枝，而修理松叶就可以培育健康的松树。另外，松树特别不适应湿气较重、积水严重的土地。因此，最好在山地培育。伸展的松枝具有独特的魅力。松树适于在适合的土壤中，尤其是靠近池沼和湖的地方，松枝能够很好地伸展，是最好的。

种植培育松树，绝对不是难事。很多人不了解这一点，所以容易失败。比如，地上根系露出来了，是可以修剪的。腐烂的根系也应该切除。这是为了根钵不被撑坏。种植进去的时候，不要埋得太深。

《築山庭造伝（前编）·下》："垣"

造园中的垣，有规定的尺寸。有时尺寸是预先确定的，有时尺寸则是根据情况随时调整的。下一段与地面的间隙为7寸，此为定法。从这个尺寸开始，根据垣的高度确定最佳的单跨长度。例如，如果垣板的高度为1尺，则板的长度为一尺四寸。同样，如果垣板的高度为1尺二寸，则长度为1尺六寸。如果高度为1尺四寸，则长为一尺八寸。这就是根据一定原则算出的尺寸。

如果是竹垣，请注意不要将竹节横向并列。竹节的位置要错位组合。此外，桩顶和垣板顶高度相差较大时，大概为一寸八到二寸，特殊情况下桩要高出垣板顶二寸五。

⋯⋯⋯⋯⋯

萩垣的萩请在七八月份修剪；等到树叶掉落后再修剪就不好了。柴垣[①]的材料，请使用十月至十二月剪伐下来的柴，落叶前叶子绿油油的不好。竹穗垣，当然不能使用正在成长过程中的竹穗。把成长后的竹穗过一下热水再用。板垣的木板应该烘烤过了再用，不是在火中直接焚烧。铁制构件也应该烤过烧热，在木板上摩擦，使其具有烤痕。

生垣有两种。一种是修剪型的生垣，一种是通透型的生垣。修剪型的生垣，尽可能剪掉中心部的枯枝，之后整理形状。通透型的生垣，先修剪树叶枝条，之后修剪中心部。

茅垣的茅，需要在七八月份月修剪，开花后修剪不好。葭（芦苇）垣的葭，用的是出穗后的东西。竹垣的圆竹要去节使用。葛藤和蕨绳不能泡热水，浸凉水即可。埋入地下的桩根部分要煅烧处理。

《築山庭造伝（前编）·下》："垣留"

垣端一定要用桩（柱）固定，旁边种植树木。这种树叫作"垣留"。

《築山庭造伝（前编）·下》："袖香"

"袖香"是指在垣根种梅。此时，枝繁叶茂的梅花就不好了。

---

① 用细树枝编成的篱笆。

第七节　庭园的营建

《筑山庭造伝（前编）·下》："造园营造总说"

　　有人认为，造园施工按照从入口处附近开始向内部推进的顺序，或者与之相反，按照从内部开始向入口推进的顺序。这两种说法都有些可笑。一般来说，造园的顺序是从建筑物入口周围开始，大致完成石组，往内部推进，再返回向入口处推进。如此反复，最后在庭园中部结束。

　　但是，对于树木、石头等特别大的东西，设置在入口，还是设置在内部，情况也会有所变化。在入口附近设置时，要从入口开始进行施工。这是特别的说法。另外还要考虑前后的设置物，根据情况进行应对。

　　如果在庭园中心建池塘，则要将从池塘挖出的土堆在要筑山的地方。然后，确定池塘的形状。一般说来，池塘挖出的土少，筑山所需的土多。

　　池中没有注水时，山形看上去比较大。但是，往池塘里灌水后，发现山比预想的要小。近水处筑山处理得高一些，远山处理得低一些，这也是巨势金冈叠石的要义所在。

《筑山庭造伝（前编）·中》："地形的收尾工作"

　　地形的收尾，就是仔细检查石根、树根，除去小石块，削去堆起来的土，反之，将土填埋较低的部分。这样的调整使整体保持平衡。消除凹凸的工作不仅仅是修饰外表，还可以防止下雨时形成积水。这就是收尾调整工作。

　　有一种地表收尾方法叫作上扈平。上扈包括三种：黑扈、红扈和白扈。黑扈使用的黑土，用漏勺很好地过滤。红扈使用的红土，园内种植红松时，避免红土。白扈使用的是白砂。白砂又称为银砂，但在有池的庭园里要避免。

　　关于设置在庭园的石头，要好好清洗。石接触土壤，必长苔。青苔和铁锈是两回事。苔藓如同附着在石头上的污垢一样。但是，在庭园地表生长青苔是非常好的。另一方面，石头和树木上长出青苔就意味着生病。所以应该避免。不过，有时石头会生锈，锈上还会沾上青苔，这是值得珍视的东西。

此外，石手水钵上沾有水垢和青苔也不好。所以，手水钵要定期清洗，并不断检查石头的情况。所有与水有关的容器等必须清洁。

第五章　历史园林记录与图示

第一节　《筑山庭造伝（后编）》所记录诸园

《筑山庭造伝（后编）·下》："东观音寺书院庭园解读"

　　东观音寺庭园，据说为庆长时代（1596—1615）本田所营造。随后，寺院移至现在的地方，按照原样复原重建。寺内书院称为"御书院"，御神君（德川家康）多次来访，在此游乐。书院匾额上书写"蓬州馆"，为朝鲜人所书。庭园表现了天竺的险峻山脉。因此，置石中有令人联想到山的状态的明星石和佛垂石，另外还有与牛跑石。

　　另外，园内有架设于大溪谷的桥。在山谷入口附近，有基于佛教传说的石组。此园称为蓬莱园。总体为纵 10 间，横 20 间左右的范围。

《筑山庭造伝（后编）·下》："东观音寺方丈大庭园"

　　该寺院的方丈庭园，纵 7 间，横 13 间。正面有两门，三方向的筋塀（土塀）围合院子。右侧门称为云阁门，门额上书写有"云阁"二字，为西行和尚的草书作品。又有佛听门，门额为隐元禅师①所写。方丈门额为宋代大语禅师所书。庭园的营造，享和年间（1801—1804）根据主持的要求有调整。

　　根据主持所说，造园基于佛法。有大石组的造园，称为"点头庭"。据说，大蛇上人曾经入山，在大石上说法，周围之石听闻传法。因此，按照此情形，在园内配置石组。园内大石称为点头石，这个庭园称为"点头庭"（图 5-1-1）。

---

　　①　隐元禅师：1592—1673，福建福清人，明末为禅宗黄檗山主持。清初顺治十一年（1654 年）东渡日本传法，建万福寺，创建日本黄檗宗。

图 5-1-1　东观音寺方丈、御书院两庭之全图
（引自《築山庭造伝（后编）》）

《築山庭造伝（后编）·下》："东观音寺缘起"

第 45 代天皇圣武天皇的时代，天平五年（733 年），行基和尚①怀着济世之愿来到东海地方，见到一位自海中乘坐白马而来的优婆塞僧人。优婆塞告诉行基，我是马头观音，知道你怀有愿望，离开了熊野权现的土地。优婆塞手指西方而去。白马被留下，化成灵木。

行基菩萨用灵木亲自雕刻了马头观音像，并建造了草堂，以供奉观音像。于是，闭门谢客，千年已过，那扇门依旧关着。马头观音像置于庭中，经历千年风雨依旧未损。东观音寺本堂上，有"山门东观音寺"和"小松原山敕愿所"的门额。小松原是著名的灵场，千年以来，很久以来经常赐下人们救济用的札。即使是现在，乡里还是灵力守护之地。这些都记录在《和汉三才图会》②、《伽蓝开基里人谈》③，以及《夫木集》中的《道经篇》④《三代实录》⑤等里面。

---

①　行基和尚：668—749，奈良时代法相宗僧人，除了建寺传法以外，多有铺桥造路筑堤等义行。世人称其为"行基菩萨"。

②　《和汉三才图会》：江户时代中期寺岛良安（1654—？）编纂的大型百科事典，于日本正德二年（1712 年）刊行，共计三百卷，参考了中国的《三才图会》编纂而成。

③　《伽蓝开基里人谈》：东观音寺创建以来当地流传下来的文献记录。伽蓝，寺院之意。里人指当地人。

④　《夫木和歌抄》：镰仓时代后期的和歌集，收录了《万叶集》之后未被敕撰和歌集收录的和歌，著者为藤原长清。道经即藤原道经，活跃于平安后期的歌人。

⑤　《三代实录》：平安时代编纂的史书，涉及清和、阳成、光孝天皇三代，天安二年（858）年至仁和三年（887 年）共计三十余年史事，成书于延喜元年（901 年），编者为藤原时平、菅原道真等。

另外，为忠朝臣[①] 所著《三河国名所歌集》中也有记录。据此可知，在东海道、距离吉田城之南百町左右的小松原，有一处聚落，即为东观音寺所在。以前距离海岸较近，从海边到这里有18町（近2000米）。因此可以说景观绝美。南面可以一瞰远洲滩，西边可见尾州的海岬。海水蔓延，水中浮岛千鸟交集。

另外，从海岸线向西与纪州浦相接，即熊野权现所在，行基菩萨在此立誓济世。简直是难以想象的因缘，这样的灵验之地，镇守千年的马头观音至今还在。

以前，西行上人曾探访此地。在马头观音旁置石引水，其水称为照心水。此地临近谷川，当日面貌依稀可见但是难以确认，但是留有图像。

《築山庭造伝（后编）·下》："远州、滨松的鸭井寺庭园解说"

鸭井寺是大寺院。详细情况在《东海道名所图会》中有介绍。此处省略。

有记载说本堂庭园为幽灵坊所作。根据传承，幽灵坊建立了远州国禅宗的一支，在奥山寺活动，住在该寺院的塔头。他的心是优雅的，专心修行。完成修行以后，他离开了这座寺院。即使有僧人去他住的塔头，也无法得知他之后的行踪，无奈之下为他举行了葬礼。所以失踪的他被称为幽灵坊。据传离开塔头后的幽灵坊成了作庭家，一生都在近郊建造各种各样的庭院。于是，鸭江寺的庭园成了幽灵坊最大的作品。

在鸭井寺庭园的池塘上架设的桥叫作渡月桥。接待室被称为听雨轩。山上亭曰望滩屋。从望滩屋向西南方向眺望，远州滩的前景尽收眼底。那片海上连一个岛都没有，一片汪洋，有一点晚霞的时候，连海天的分界线都分不清。

据说鸭井寺以无限的慈悲救助人们，实现了大愿。所以参拜的人不会间断。通往寺庙的路上，人心如同万里无云的晴空，吹过的松风清爽宜人，也象征着远州这个地方的美好（图5-1-2）。

《築山庭造伝（后编）·下》："寺内其他庭园"

此庭园不知道作者是谁，其面貌属于非常古老的庭院。属于草之平庭的风格。泉水导入堰口，与置石形成统合的形态。当地还有少量其他类似的庭园，称为一寸庵。恐怕是同一个人的作庭吧。这些是很高级的庭园（图5-1-3）。

《築山庭造伝（后编）·下》："松御茶屋庭园"

滨松沿岸栽着很好的树，那就是著名的飒松。以前那里是滨松太守所有的，

---

① 镰仓时代前中期的歌人。

图 5-1-2　鸭井寺之庭
（引自《築山庭造伝（后编）》，作者改绘图例）

图 5-1-3　同寺里之间之庭
（引自《築山庭造伝（前编）》）

图 5-1-4　远州滨松御茶屋之庭
（引自《築山庭造传（后编）》，作者改绘图例）

想参观的人都不能靠近。用地内飒飒的松树周边还做了石组，形成一个庭院的整体形状。这个庭园又叫七贤庭，虽然在开放的空旷地方只设置了 5 至 7 个置石，但其构成非常出色，无疑是名人建造的庭院。很遗憾不知道具体作者是谁（图 5-1-4）。

《築山庭造传（后编）·下》："清见寺庭园"

　　清见寺的详细情况在《东海道名胜图会》中有介绍，因此此处省略。接下来，我们将对该寺的庭园进行介绍。

　　这座寺院为人们所熟知，是因为这座寺院所在的山腰上，自古以来就有一座庵。那里有瀑布和泉水，瀑布里的水像是迸发出来的。而且，全年流水不干涸。

　　为了引水，在水流中用笕管①，为厨房和洗手所引出清水，院子里的泉水也是满满的。红白相间的小鱼在岩石间游来游去，庭院广阔的地皮上树木枝繁叶茂，枝条长满，岩角是杜鹃花，水边是棣棠，还有传说树龄 200 年的垂枝樱，为了春天的到来而盛放。

　　除此之外，还种植了荷花、杜若、野葛、芒草、胡枝子、荻、藤萝、桔梗等，

---

　　① 笕管：使用竹子等的引水装置。

秋天枫树也变得通红。因此，庭园成为四季皆宜的名庭，并有了"不尽物思"这一唐代风格的名字。简直是东海道首屈一指的造园。作庭者是山元道斋，他也成了作庭家的鼻祖。这是天正年间①的作品。

御神君东照大权现（德川家康）大人在骏府就任大纳言②，当时访问此地，命令部下建造了上述庭院。而且，在这个庭园里，他亲自种了樱花、梅花、松树等几种树木，并在那里游玩放松。现在那些树木还在苗壮成长，花也格外美丽。由此可见，清见寺的庭院确实是一个令人耳目一新的庭院。

另外，朝向泉水的地方设置了巨大的置石。形状像象或羊伏着的石头，名为初平石。这是一种奇异的石头，据说在不同的时期它会变大变小。

该寺建造于天文年间③中期，由雪斋和尚奠基，开山（最初的住持）是本光国师④。然后，院子中央有一个休息所（亭），这也被认为是崇传所作。

此外，该园里手水钵上，还有雕有"挂纹三贯六百目"的石头。那块石头浮在水面上，永远不会沉下去，真可谓奇石。其形状如图 5-1-5 所示。

《筑山庭造伝（后编）·下》："大宫司富士庭园"

根据《国造志》记录，和迩氏伯麿是崇仁天皇的后代，在天武二年（673 年）成为富士神社的官司。

富士神社的庭园有壮观的假山和池塘，面积为一千多坪。从庭园里可以看到富士山。然后，从那里看到富士山的正面山麓附近布满了树林，这种景观如同探手取芙蓉花欣赏一般美丽。

附近有国见丘，从那里眺望，街区就在眼前，境内风景实在是太美了。境内有一座"天之浮桥"，长不到五间（约 9 米），连接池中的中岛。池、桥的景象看起来就像云上的世界，桥也像是飘浮在云间。此外，园内还有名石、奇树，被称为蓬莱庭。

在茶室前建造的庭园，被传为宗偏⑤所造，但是否正确尚不得而知。此后，这个庭院经过几次修改，变得更加美妙，客厅前的景观无法用文字和图画来表达（图 5-1-6~ 图 5-1-8）。

---

① 天正年间：1573—1593 年。
② 大纳言：行政官职。
③ 天文年间：1532—1555 年。
④ 以心崇传，安土桃山时代至江户时代初期临济宗的禅僧，曾作有《本光国师日记》，共47 册，记录了 1610 至 1633 年间幕府的寺社政策与朝廷政策等。
⑤ 山田宗偏（1627—1708）：江户时代前期的茶人，曾学于小堀远州、千宗旦，开创了茶道流派宗偏流，在京都郊外三宝寺建茶室，茶号为不审庵、今日庵、四方庵。

图 5-1-5　清见寺之庭图
（引自《筑山庭造传（后编）》，作者改绘图例）

图 5-1-6　大宫司之茶庭
（引自《筑山庭造传（后编）》，作者改绘图例）

图 5-1-7　大宫司大书院庭园图
（引自《築山庭造伝（后编）》，作者改绘图例）

图 5-1-8　大宫富士山本宫宝钟院内庭
（引自《築山庭造伝（后编）》）

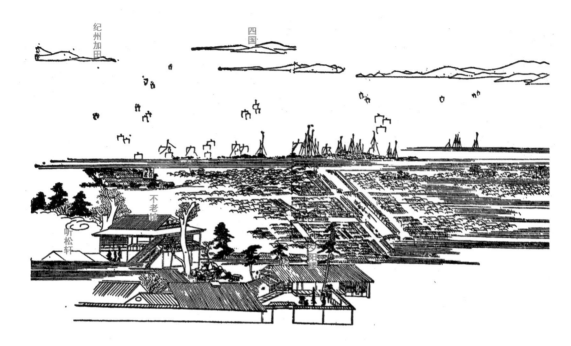

图 5-1-9　大阪桃李庵眺望图
（引自《築山庭造伝（后编）》，作者改绘图例）

《築山庭造伝（后编）·下》："桃李庵的眺望景观"

大阪市内有一片生玉神社的森林，内有桃李庵。庵内有高楼。从高楼眺望，向西可以看到淡路岛、须磨、一谷，向南可以看到纪州的海。而且，桃李庵的院子里自古以来就种植了一棵百尺高的大树，也是一棵神树，枝条伸展得很好。对于如此美妙的景象，拥有优雅心灵的人们都会喜欢，因此留下了很多的记述（图 5-1-9）。

第二节　京都诸园的记录与图绘

（一）京都的概况与园林营建

平安京（京都）是古代日本的主要首都，是日本传统造园的中心，也是东亚古典园林的集成之地。欲研究日本造园和东方园林，必然无法绕开京都的园林。京都作为日本的古都，较好地保存了城市历史景观原貌。京都有大量的古代庭园遗存，如天龙寺、南禅寺、西芳寺、二条城的园林，但是其历史上有大量的园林荒废湮没，或者被改建，这就需要从历史文献和图像中探索京都古代园林的面貌。

京都位于京都盆地北部，北、东、西三面环山，两条河流鸭川和桂川（葛野川）在东西两侧穿越城区（图 5-2-1、图 5-2-2）。京都盆地是一百万年至两百万年之间，因地质断层运动造成地表下陷而形成的。大概三万年前的旧石器时代后期，人类开始出现于京都盆地，这一时期的菖蒲谷遗迹等处出土了石造工具。绳文时代（公元前 12000 年至公元前 300 年）气候温暖，山麓丘陵与上贺茂、北白川的谷口扇状地成为人们聚居的场所。弥生时代（前 3 世纪—3 世纪），从丹波国南下的出云氏将农耕文化带入京都盆地，农耕社会得以发展壮大。3 世纪后在大和地区出现了强有力的政权，贺茂氏族从大和进入京都盆地，带来了大和文化[①]。

五世纪左右，从大陆渡海而来的秦氏一族迁至京都盆地葛野山背国，带来了发达的土木与灌溉技术，开垦嵯峨野等地，通过构筑桂川井堰等水利工程促进了灌溉与防涝。秦氏还修建了广隆寺作为家寺，寺内供奉圣德

---

① 《京都》，第 18 页。

图 5-2-1 京都位置图
（胡慧敏制作）

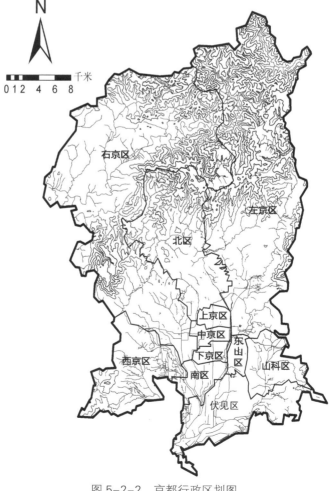

图 5-2-2 京都行政区划图
（胡慧敏制作）

太子所赠的弥勒菩萨像。由于水运便利，农业较为发达，京都盆地成为日本都城的首选之地。

694年，日本的都城从飞鸟地区迁至藤原京，此后又因为种种原因，迁都至平城京（奈良）、长冈京。以平城京为都城的时候，圣武天皇曾在鸟池塘、松林宫实行曲水宴。天平宝字五年（761年），创建法华寺阿弥陀净土院。762年平城宫西南部设置池亭并在此举行曲水宴。

延历十三年（794年），桓武天皇将都城从长冈京移至东北方向的葛野山背国，改山背国为山城国，新都称为平安京（现在的京都市）。平安京风光优美，水运交通便利，且东有鸭川，西为山阴道，北为船冈山，南为巨椋池，暗合东青龙、西白虎、北玄武、南朱雀的"四神相应"之说。因此平安京成为此后日本的"千年之都"。

平安京的营造主要以唐长安为模型，分为宫城（大内里）和京域两大部分，京域以朱雀大道为中轴线，分为左京和右京两部分。从面积上看，平安京的面积约为唐长安城的四分之一，且没有像长安城那样有城墙环绕。城区延续了藤原京、长冈京的条坊制。南北方向街区称为条，东西方街区称为坊，共9条8坊72个街区。每坊包括4保，每保含4町，每坊共计16个町。朱雀大道北接宫城，南到罗城门，罗城门两侧建有东寺与西寺。

宫城位于城区北部中央，由内里、朝堂院、丰乐院以及其他官衙机构设施和附属生活设施构成，东西约1100米，南北约1400米，宫墙环绕，开14座宫门。内里是天皇工作和居住的场所，东西长170米，南北215米，四周墙壁环绕，设置6座宫门。内侧有回廊环绕，回廊设置12处阁门，警戒森严。紫宸殿、仁寿殿、承香殿、常宁殿、贞观殿形成内里的南北方向中心轴线，其他建筑物基本对称布置。内里南半部分为南庭，南庭以北为紫辰殿，东西两侧有宜阳殿、春兴殿、校书殿和安福殿，形成内里公共的空间。紫宸殿以北为仁寿殿、承香殿，以及东侧绫绮殿、西侧清凉殿共同构成天皇的私人空间。仁寿殿以北以常宁殿为中心，形成皇后和后宫的居住空间。朝堂院紧邻南正门朱雀门，又称八省院，是朝会、仪式的空间，其中心为大极殿，前面对称排列12座朝堂。朝堂院以西为丰乐院，用于举行节日庆典和宴会。朝堂院东北为内里。内里以西为中和院，是祭祀皇族祖先的地方。内里、朝堂院、丰乐院共同构成天皇的居住、工作和礼仪空间（图5-2-3）。高野川和贺茂川在出町柳（地名）处合流后称为鸭川，是平安京最重要的河流。贺茂川一带是贺茂氏从大和移居来此的据点，目前当地有上贺茂神社（贺茂别雷神社）和下鸭神社（贺茂御祖神社）[1]。

---

① 正井泰夫监修：《図説歴史で読み解く京都の地理》，东京：青春出版社，2003年，第58页。

图 5-2-3　京都御苑（平安宫）中的紫宸殿
（作者摄）

　　延历十九年（800年），恒武天皇巡幸神泉苑，弘仁三年（812年）在苑内举办花宴节，成为日本首次公开的赏樱活动。弘仁五年（814年），嵯峨天皇游猎于北野，巡幸嵯峨院。

　　延历七年（788年），最澄（766—822）在比叡山营建根本中堂，作为修行道场。823年，即最澄去世的第二年，该寺得以延历寺为寺号，天台宗得到朝廷的认可。延历十七年（798年）坂上田村麻吕营造了清水寺，延历二十四年（805年）得到朝廷认可。空海（又名弘法，774—835）在京都东寺和高野山金刚峰寺创建真言宗，使得佛教呈现密教化、贵族化倾向。天长元年（824年），因长期干旱，空海在神泉苑施法祈雨。这表明作为皇家园林的神泉苑除了游乐以外，还有祈愿的功能。

　　藤原基经之子藤原忠平于延长二年（924年）营造了法性寺，经藤原氏八代人不断增建，最终成为伽蓝堂塔超百栋的巨大寺院。

　　平安京右京是大片湿地沼泽地带，不适宜建设活动。10世纪以后，人口增加、城市化发展，平安京右京逐渐衰退，左京成为城市中心，同时社寺、别业等建设活动向北面的嵯峨、花园地区，东面的东山方向扩张。相对于右京，左京更多地模仿了中国洛阳。因此，京都又称为"洛阳"，"洛北、洛南、洛西、洛中"分别指称京都各个区域。

东山位于鸭川以东，峰峦连绵，称为东山三十六峰。这一说法源自中国五岳之一的嵩山三十六峰。山中寺社云集。根据 1936 年《东山国有林风致计画》统计，三十六峰与寺社主要有比叡山延历寺、御生山御荫神社、赤山的赤山禅院、修学院山的修学院离宫、叶山的叶山观音、一乘寺山的一乘寺、茶山、瓜生山、北白川山、月待山银阁寺、如意岳、吉田山的吉田神社、紫云山的金戒光明寺、善气山的法然院、椿峰的大丰神社、若王子山的若王子神社、南禅寺山的南禅寺、大日山、神明山的日向神社宫、粟田山的粟田神社、华顶山的知恩院、圆山的安养寺、长乐寺山的长乐寺、双林寺山的双林寺、东大谷山的东本愿寺、高台寺山的高台寺、灵鹫山的正法寺、鸟边山的西本愿寺、清水山的清水寺、清阁寺山的清阁寺、阿弥陀峰的丰国庙、今熊野山的新熊野神社、泉山的泉涌寺、慧日山的东福寺、光明峰的光明峰寺、稻荷山的伏见稻荷大社[①]。

长和三年（1014 年），藤原道长（966—1027 年）曾至桂山庄（桂离宫前身）游兴。藤原道长在自己的邸宅旁边建造阿弥陀堂，号称无量寿院，待 1022 年金堂落成后改称为法成寺。藤原赖通营造了高阳院，院内筑山立石、栽种植被，成为当时的贵族名园，后一条天皇于万寿元年（1024 年）至高阳院巡幸。藤原赖通以宇治山庄为寺，称为平等院，1053 年建成阿弥陀堂和庭园。

白河天皇退位后（1086 年），日本进入平安时代的后期，即院政时代。律令制开始瓦解，贵族大量进入寺院，佛教进一步与世俗相结合。武士阶层开始强大，取得了更多的政治权力。武家的平氏、源氏先后登上政治舞台。庄园经济发达，私民武士集团开始强大。12 世纪末，源赖朝受封第一代征夷大将军，在镰仓建立了武家政治的统治机关——幕府。1333 年镰仓幕府为足利尊氏所灭。镰仓幕府被消灭后，足利尊氏逼迫天皇册封其为征夷大将军，在京都建立足利幕府（室町幕府）。

足利幕府统治期间，梦窗疏石于 1339 年改西方寺为西芳寺，整治殿阁，营造庭园，同年创建天龙寺。1344 年天龙寺庭园完工，光岩上皇前往参拜。1347 年，光岩上皇参拜西芳寺，有赏花和舟游活动。朝鲜半岛李氏政权使节团，于嘉吉三年（1443 年）游览西芳寺。

幕府将军足利义满将西园寺家山庄改为北山殿，大肆改修苑池，1397 年建成金阁，为金阁寺前身。足利义政于文明十四年（1482 年）开始营造

① 《図説歴史で読み解く京都の地理》，第 52、53 页。

东山殿，立石并种植植被，形成庭园，为慈照寺前身。1513年建成大仙院方丈，书院庭园也于此时开始营造。

天正元年（1573年），室町幕府灭亡。织田信长以二条城作为其统治中心。二条城位于上京和下京之间，规划基本为方形，有本丸、二丸两重城郭，城郭下均有护城河，具备很强的军事防御功能。本丸的中心为本丸正殿和天守阁。除此之外，二条城配置了舞台、书院等生活娱乐设施，东侧有二丸正殿。城郭外围布置武家地和町人地，形成城下町形态。天正十年（1582年）千利休在京都大山崎建草庵风茶室，开创日本茶庭之先河。

织田信长死于本能寺之变（1582年），继任者丰臣秀吉对京都进行了大改造。1586年丰臣秀吉在二条城北营造聚乐第，作为其统治的据点。聚乐第中的庭园立石采用了藤户石。

江户时期，德川幕府继续对京都进行改造。除了继续建造二条城，还疏浚河流、整治町政、规治寺院，在公家町建造女院御所、院御所，集中皇室和贵族公卿的府邸设施。京都演变成为德川幕府幕藩体制中的一环[1]。元和年间，智仁亲王开始营造八条宫桂别业（桂离宫），宽永初年（1624年）池泉筑山基本完工。这一时期，小堀远州营造了诸多京都庭园，如宽永三年（1626年）对二条城二之丸庭园大改造，四年（1627年）开始负责营造仙洞御所、女院御所，九年（1632年）负责营建金地园庭园，十三年（1636年）完成仙洞御所造园工作。万治二年（1659年），建成修学院离宫庭园[2]（表5-1）。

表5-1　现存京都名庭录

名称	位置	营造时间与关系人	造园要素与特色
涉成园	下京区	始建于江户时代初期，庭园完工于明历三年（1657年）。原为宣如上人隐居处，造园者为石川丈山（1583—1672）	回游式园林，有茶亭"缩远亭"、印月池、4岛，岛岸之间架有廊桥"回棹桥"、反桥"侵雪桥"
二条城二之丸庭园	中京区	德川家康始建于庆长七年至八年（1602—1603），宽永三年（1626年）小堀远州主持庭园改造	一池三岛、北端筑山结合三段式瀑布，岸线曲折、书院造
神泉苑	中京区	建于平安时代初期，《日本书纪》记载恒武天皇曾游兴于此	京都最早的池泉式皇家园林，园中有巨大池沼，正殿位于池北岸，以回廊连成建筑群，池上架法成桥，可赏花与舟游

① 高桥康夫等：《図集日本都市史》，东京：东京大学出版会，1993年，第188、189页。
② 《岩波日本庭園辞典》，第329–332页。

名称	位置	营造时间与关系人	造园要素与特色
庐山寺庭园	上京区	天庆元年（938年），良源和尚开基	枯山水
宝镜寺庭园	上京区	建于室町时期	坪庭，南庭种植枫树与杉苔，北庭称为"鹤龟之庭"
妙显寺	上京区	日莲宗日向上人于元亨元年（1321年）创建，天正十年（1582年）移至现址	书院前庭称为"光琳曲水之庭"，以松树为中心的曲水风格园林。其他庭园有坪庭、枯山水
妙莲寺庭园	上京区	建于江户时期，玉渊坊日首主持作庭	枯山水，又称为"十六罗汉之庭"，以筑石表示释迦牟尼十六弟子
本法寺		桃山时期，本阿弥光悦作庭	枯山水，又称为"三巴之庭"，三座勾玉形石组组成"巴"形
大德寺庭园	北区紫野	永正六年（1509年），古岳宗亘开基	·塔头大仙院方丈东北庭，枯山水 ·龙源院方丈北庭"龙吟庭"，枯山水 ·方丈南庭"一枝坦"与"东滴壶"，枯山水 ·高桐院方丈南庭"枫庭"，枯山水 ·瑞峰院方丈南庭"独坐庭"，枯山水
鹿苑寺	北区	室町时期，足利义满所建	池泉舟游式，内有镜湖、金阁，湖中"九山八海"石组
等持院	北区	始建于历应四年（1341年），足利氏的菩提寺。足利尊氏延请梦窗国师创建	方丈北庭借景衣笠山，内有芙蓉池、心字池、清涟亭茶室
龙安寺	右京区	建于室町时期，原为细川胜元山庄，后改为禅寺。庭园作者不明	内有镜容池，方丈南庭为石庭枯山水
仁和寺	右京区	仁和二年（886年）光孝天皇敕命始建，宽永年间再建。庭园建于江户时期	宸殿北庭为池泉园，前有砂庭，借景五重塔与飞涛亭
妙心寺	右京区	康永元年（1342年），花园上皇将离宫改为禅寺，关山玄慧开基	·本坊庭园，枯山水 ·东林院方丈前庭，枯山水 ·退藏院方丈西庭，枯山水 ·桂春院方丈南庭和东庭，枯山水 ·大心院方丈南庭，枯山水 ·大法院庭园，枯山水
法金刚院	右京区	原为右大臣清原夏野的山庄，平安时代改为寺院	池泉回游园
梅宫大社	右京区	祭祀橘氏氏神的神社，平安初期嵯峨天皇的皇后橘嘉智子将其移至现址。苑林建于江户时期	池泉园

名称	位置	营造时间与关系人	造园要素与特色
天龙寺	右京区	建于镰仓时期，梦窗国师所作	·曹源池庭园，池泉园，借景龟山和岚山 ·塔头弘源寺庭园，枯山水，借岚山之景，又称为"虎啸庭" ·塔头宝岩院庭园，称为"狮子吼之园"，内置巨大狮子岩
鹿王院	右京区	足利义满建于康历元年（1379年），原为宝幢寺的塔头	借岚山之景，枯山水，内有两层的舍利殿
常寂光寺	右京区小仓山	宽永年间（1624—1644）原为日祯上人的隐退所，后改为寺院	池泉园，借景多宝塔
嵯峨院	右京区	平安初期，嵯峨天皇所建的离宫，后改为大觉寺	池泉园，大泽池中置两岛一石，据传表现了花道嵯峨流的基本型
宗莲寺	北区	室町时代末期，圆誉上人始建	池泉回游园
常照皇寺	右京区	贞治元年（1362年）光严天皇结庵始建	书院式园林，以九重樱著称
光悦寺	北区	元和元年（1615年）本阿弥光悦在德川家康所赠之地结庵，建法华题目堂	枯山水，境内有七座茶室
源光庵	北区	贞和二年（1346年）大德寺二代主持彻翁国师在此隐居并开基	枯山水，春樱秋枫有名
神光院	北区	建保五年（1217年）创建	池泉园
正传寺	北区	文永五年（1268年）东岩禅师创建，弘安五年（1282年）移至现址	枯山水砂庭，无筑石
妙满寺	左京区	弘和三年（1383年）日什上人创建。松永贞德作庭	本坊庭园又称"雪庭"，枯山水做法。与清水寺成就院"月庭"、北野成就院"花庭"并称成就院雪月花三名园。
三千院	左京区	始于传教大师最澄在比叡山结庵建堂	·宸殿前的有清园为池泉回游园，池内有龟鹤二岛，正面为往生极乐院 ·书院东南的聚碧园为池泉观赏园，地面覆盖苔藓
实光院	左京区	长和二年（1013年）寂源创建的胜林院子院	客殿南庭"契心园"为池泉观赏园，引律川之水入心字池
莲华寺	左京区	宽文年间（1661—1673）从洛中移至现址	池泉观赏园，池中有龟鹤二岛

名称	位置	营造时间与关系人	造园要素与特色
曼殊院	左京区	始于最澄在比叡山所建一堂，明历二年（1656年）良尚法亲王将其移至现址	书院庭园采用枯山水做法，园内砂庭上配置龟鹤二岛，筑山石组作为背景
诗仙堂	左京区	石川丈山于宽永十八年（1641年）主持作庭	书院前庭为唐风庭园
圆光寺	左京区	始于庆长年间（1596—1615）德川家康所创设的伏见学问所，宽文七年（1667年）移至现址	枯山水庭园，又称为"十牛庭"
金福寺	左京区	贞观六年（864年）根据圆仁遗志，由安惠创建。长期荒废，江户中期铁舟和尚重建	枯山水
银阁寺	左京区	文明十四年（1482年）足利义政造东山殿山庄，去世后成为禅寺	池泉回游与枯山水砂庭相结合，主要建筑银阁上层为潮音阁、下层为心空殿。北部由东求堂
法然院	左京区	法然上人与弟子共同营建，延宝八年（1680年）万无和尚再建	入口处为枯山水式的泮池庭园，方丈庭园为池泉回游式
安乐寺	左京区	延宝九年（1681年）创建	枯山水
南禅寺	左京区	正应四年（1291年）龟山上皇的禅林寺离宫改为寺院，室町时代成为京都五山第一	·方丈南庭，枯山水 ·南禅院方丈南庭，池泉回游式，池中置五岛 ·金地院方丈南庭，枯山水龟鹤庭（小堀远州主持作庭） ·天授庵方丈南庭，枯山水；书院南庭，池庭
青莲院	东山区	平安末期，天台宗行玄将青莲坊从比叡山移至现址。明治年间再建	池泉回游园
知恩院	东山区	始于承安五年（1175年）法然上人在此地创设草庵。在丰臣秀吉与德川家康庇护下，成为净土宗本山	方丈庭园，池泉回游式
高台寺	东山区	庆长十一年（1606年）丰臣秀吉正室北政所创建	·方丈庭院，枯山水 ·方丈东侧的泮池庭园，以偃月池与卧龙池形成池泉回游式 ·塔头圆德院庭园，枯山水，枯池中置龟鹤二岛
智积院	东山区	源自南北朝时期创建的纪州根来山塔头智积院，遭兵火之灾后移至京都	书院东庭，模仿中国庐山的筑山石组，前有池泉
云龙院	东山区	泉涌寺塔头，后光严天皇创建	枯山水

名称	位置	营造时间与关系人	造园要素与特色
东福寺	东山区	京都五山之一，关白九条道家于建长七年（1255年）建成伽蓝七堂	·普门院庭园，东侧池泉筑山，西侧枯山水 ·芬陀院方丈南庭，砂苔枯山水，置龟鹤二岛 ·天德院庭园，枯山水苔庭
毗沙门堂	山科区	始建于大宝三年（703年），宽文五年（1665年）天海僧正重建	庭园称为"晚翠园"，池泉回游式。心字池中配置中岛和千鸟石
劝修寺	山科区	昌泰三年（900年）醍醐天皇创建，文明七年（1475年）毁于兵灾，德川氏和皇室资助下重建	一池三岛
随心院	山科区	仁海于平安时代开山	池泉观赏园，内有心字池，配石组，赏梅名所
醍醐寺三宝院	山科区	醍醐寺塔头，永久三年（1115年）胜觉创建。毁于应仁之乱。庆长三年（1598年）丰臣秀吉援助重建	池泉回游观赏园，池中配鹤岛、龟岛，架设土桥、石桥和板桥
大原野神社	山科区	始建于嘉祥三年（850年）	池泉回游园，园中有鲤泽池

本表庭园名录参考水野克比古《京都名庭园》（未录近代之后所作的庭园）

（二）《都林泉名胜图会》所记录的京都诸园

上古时期，相国寺原为出云寺，由传教大师始创，是天台宗的寺院。永德年间，相国寺是足利义满的禅院，梦窗国师为寺院始祖，妙葩禅师为二祖。寺院封地有所谓"十景"。寺门前称为"般若林"，排门号称"尉庄严域"，山门称为"圆通"，佛殿称为"觉雄宝殿"，寺前之河称为"龙渊水"，莲池称为"功德池"，寺内架天界桥，转轮藏称为"祝厘堂"。寺内钟楼又名洪音楼，楼中之钟来自南都元兴寺。据传钟内鬼神出没，致人恐慌，相国足利义满以相国寺为护国庙，镇祭八幡宫，相国寺成为本山之镇守。

塔头林光院中种植有莺宿梅，原本位于西京纪贯之家，后来移植到相国寺清凉殿前。普光院中有黄门定家卿之墓，松鸥轩中置有水景，此处原本为贺茂神宫寺所在，现在成为念佛重地（原开山堂前有林泉之境，鸭川支流流经此地，风景绝妙，相传林泉是藤木贺加守所营造，近年基本荒废）。本寺之宝有唐土传来的吕辉花鸟画、赵子昂[①]的墨宝等（图5-2-4）。

大德寺号称"龙宝山"，位于平安城乾方紫野，西为鹰嘴峰，东边可俯瞰比叡山，南以船冈山为界，北接贺茂川。地势高旷，松桧蔚然，是为禅寂无尘之地。大应国师南浦绍明渡宋学禅，回国后嗣法宗峰妙超诸弟子。赤松则村（圆心）、则佑在紫野创设寺阁，仰慕宗峰妙超德行，请其为寺院开山。宗峰

---

① 赵子昂即元代著名书画家赵孟頫（1254—1322）。

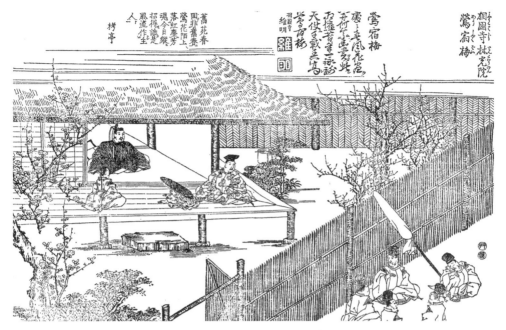

图 5-2-4　相国寺林光院莺宿梅
（引自《都林泉名胜图会》）

从洛东云居寺移居至此（在修习之日，比叡山天台宗玄慧法印及弟子与其论辩，失败后皈依宗峰妙超，并营造方丈室以谢前罪。又有宗印等人拜于妙超门下，营造诸殿堂）大德寺遂发展成为禅寺。花园法皇特许宗峰妙超进入大内与其说法，赐号为兴禅大灯国师。后醍醐天皇对其礼敬有加，将大德寺作为朝廷第一祈祷所。元亨三年，称其为"本朝无双禅苑"。

　　大德寺开山祖师大灯国师，名宗峰，字妙超。宗峰任筑前博多（日本地名）崇福寺的第五任主持，又创建但州佑德寺，65 岁在云门庵去世（图 5-2-5）。

塔　头

　　灵山德禅寺开山祖师为澈翁和尚（讳义亨），受法于大灯国师，应安二年五月五日圆寂，赐号天应大现国师。寺前有池和筑山，山中有玲珑阁、竹影阁，池中可泛舟。现在养德院的前庭、安居院门前西北角，是原来德禅寺的池岸所在。应仁之乱，寺院被烧，尾和宗临重建寺院，位置移至现在三门东南。

　　如意庵，密传正卯禅师言外宗忠和尚于应安年间所创。

　　大用庵，大机宏宗禅师华叟宗昙、宗慧大照禅师养叟和尚所开创。应仁之乱后，尾和宗临重建本庵于原方丈的北侧，其后移至松源院门内。

　　松源院，正续大宗禅师春浦宗熙和尚开创。

　　真珠庵，一休宗纯的塔所。其人受法于华叟，文明十三年十一月二十一日圆寂，年八十八岁。永亨年中应仁大火后，尾和宗临与一休同心协力重建伽蓝佛院与高僧大德诸塔所。诸塔所落成后，一休于酬恩庵圆寂。宗临新建真珠

图 5-2-5　大德寺方丈
（引自《都林泉名胜图会》，作者改绘图例修正底图）

庵作为一休的塔所。真珠庵位于方丈以北。宗临是泉州堺人氏，俗名尾和四郎左卫门，文龟元年十一月廿日去世，法号祖溪。

养德院，佛心大弘禅师实传宗真和尚的塔所。最初位于祇园之地，后来移至本山，现位于德禅院南侧。

龙源院，佛慧大圆禅师东溪宗牧和尚的塔所，位于本山之南。

大僊院，永正年间所建，正法大圣禅师的塔所，因位于本山北麓，又称为北派。庭中有名岩、林泉，相阿弥所造。有法螺石、布袋石、神鞍石、观音石、沉香石、宝山石、伏虎石、钓舟石、卧牛石、仙帽石、拂手石、佛盟石、佛子石、独醒石、明镜石、不动石、灵龟石、坐禅石、真珠石、扶老石。

兴临院，佛智大道禅师小溪绍应和尚的塔所。天文年间由左义纲所建。左义纲于天文十四年七月十二日去世，法号"兴临院传翁德彻"。加州大守重修兴临院，其人法号"高德院赠一位"，庆长四年闰三月三日去世，终年六十二岁。

瑞峰院，位于兴临院南侧，普应大满国师彻岫宗九和尚的塔所。天文二年，大友左卫门督义镇所建。义镇为大友修理太夫义鉴之子，于天正十五年五月廿三日去世，年五十八，称号"瑞峰院休庵宗麟"。

聚光院，方丈室以北，祖心本光禅师、笑岭宗欣和尚塔所。永禄九年，三好左京太夫义继，为其父修理太夫长庆而建。长庆于永禄七年七月四日去世，领有阿赞土豫四州和泉河二州。

总见院，建于白毫院旧址、聚光院以西，天正年间秀吉公为右大臣织田信长而建，以大慈广照禅师古溪和尚、大悲广通禅师玉甫和尚为祖师。织田信长于天正十年六月自杀，年四十九岁，称号"总见院殿从一位大政大臣"。秀吉于庆长三年八月十八日去世，年六十三岁。

黄梅院，灵山禅院西侧，佛通大心禅师春林和尚塔所，天正十一年纳言从三位左卫门督小早川隆景所建。隆景去世于庆长二年六月十二日。终年六十四岁，称号为"黄梅院殿云绍闲"。

三玄院，位于总见院南侧，大宝圆鉴国师春屋和尚塔所，纪伊守浅野幸长、森兰丸长定、森长门守忠政等为本院檀越（施主）。幸长为弹正小弼长政之子，称号为"清光院春翁宗云"，居城为纪州和歌山城，领三十七万石，庆长十八年八月廿五日去世。长定为森三左卫门可成之子，浓州岩村城主，领有五万石，天正十年六月二日战死，年廿二岁。忠政为兰丸之弟，作州津山城主，领十八万石，宽永十一年七月七日去世，年五十七岁。

金凤山天瑞寺，总见院西侧，佛机大雄禅师玉仲和尚塔所。天正十六年，秀吉公为其母而建。其母称号"天瑞院宗桂"，又称为"大政所"，于文禄元年七月廿五日去世，年八十岁。

正受院，龙翔院以南，广德正宗禅师清广和尚塔所，蜂屋出羽守赖隆所造，其后为关长门守一政重建。

大慈寺，位于瑞峰院西侧，建于天正年间，佛国大安禅师天叔和尚的塔所。见性院、安养院、村上周防守义明、蓬云院殿、山口左马介弘定、梅林院殿等人为寺院的檀越。

高桐院，大慈广通禅师玉甫和尚塔所，庆长年间，参议从三位细川越中守忠兴所造。忠兴最初居住于丹后田边城，后来移居至丰前小仓城，领有三十八万石。其子越中守忠利在关原之战中立功，获得肥后州封地，领有五十四万石，将忠兴接至八代城居住。忠兴于正保元年十二月三日逝世，年终八十三岁，称号"松向院殿三齐宗立居士"。

玉林院，高桐院南侧，大兴圆光禅师月岑和尚塔所。庆长年间，安养院法印真濑氏正琳所造。建造过程持续至元和七年，月岑和尚亲自参与重建。

大光院，位于金龙院以南，大慈广照禅师古溪和尚塔所，建于文禄年间。正二位大纳言秀长，为秀吉之弟，领有和州郡山城与纪州泉州、七十万石。秀长于天正十九年三月廿日去世，称号"大光院殿春岳宗荣"。其长子中纳言秀俊请古溪和尚创建了大光院。

金龙院，天瑞院以西，佛性心宗禅师传叟和尚塔所，庆长年间金森五郎八长近所造，为给信长公祈福，最初请长松和尚，后改为请传叟和尚担任主持。长近居住在飞州高山城，称号为"长部卿法印"。

昌林院，位于大雄殿以西，霜筠轩法龙大源禅师先甫和尚德塔所。文禄年间蒲生飞驒（飞驒，日本地名）守氏乡和其长子秀行所造，是其父亲的功德场。氏乡为奥州会津城城主，于文禄四年二月七日去世，年终四十岁。

龙光院，玉林院以南，大梁兴宗禅师江月和尚塔所。黑田筑前守长政为其父而建造。长政是筑前福冈城主，领五十二万石，元和九年八月四日去世，年五十四岁，称号为"兴云院殿"。其父孝高曾效忠于丰臣秀吉，领丰州六万石，死于庆长九年三月廿日，年五十岁，号"龙光院如水圆清"。

芳春院，直指心源禅师玉室和尚塔所，庆长年间加州金泽城主中纳言前田肥前守利长的母亲、华岩夫人所造。此夫人为加州大纳言利家卿的侧室、土方扫部助之女，死于元和三年七月十六日，号为"芳春院华岩宗富"。后阳成院第七皇子一条关白昭长公，也是芳春院的檀越。

以上二十四塔头的由来引自《龙宝记》（图5-2-6～图5-2-20）。

图 5-2-6　大德寺塔头——寸松庵
（引自《都林泉名胜图会》，作者修正底图）

图 5-2-7　大德寺塔头——芳春院
（引自《都林泉名胜图会》）

图 5-2-8　大德寺龙源院枯山水"潯沱底"局部
（作者摄）

图 5-2-9　大德寺龙源院枯山水"潯沱底"全景
（作者摄）

图 5-2-10 大德寺龙源院枯山水"东滴壶"一

（作者摄）

图 5-2-11　大德寺龙源院枯山水"东滴壶"二
（作者摄）

图 5-2-12　大德寺龙源院"一枝坦"
（作者摄）

图 5-2-13　大德寺龙源院"一枝坦"局部
（作者摄）

图 5-2-14　大德寺龙源院"一枝坦"石组
（作者摄）

图 5-2-15　大德寺龙源院"一枝坦"石组二
（作者摄）

图 5-2-16　大德寺龙源院龙吟庭
（作者摄）

图 5-2-17　大德寺瑞峰院枯山水局部一
（作者摄）

图 5-2-18　大德寺瑞峰院枯山水局部二
（作者摄）

图 5-2-19　大德寺瑞峰院枯山水局部三
（作者摄）

图 5-2-20　大德寺瑞峰院枯山水局部四
（作者摄）

寮　舍

龙泉庵，松源院寮舍，阳峰和尚塔所。

清泉寺，三玄院寮舍，建于庆长年间，开基实传和尚、中兴传外和尚塔所。原来位于伏见，前有宇治川，背靠木幡山，临清流，现在称为栽松轩，位于大倦院西侧。

瑞源院，芳春院寮舍，大光院西侧，江月和尚为开山祖师，备后福山城主水野日向守源胜成所建。

寸松庵，龙光院子庵，建于元和七年，江月和尚为开山祖师。

梅岩庵，瑞峰院寮舍，天佑和尚塔所。

高林庵，芳春院寮舍，位于院内，玉舟和尚塔所。建于庆长年间，宽永年间再由片桐石见守贞昌再建。贞昌领有和州小泉邑一万石。

见性庵，瑞峰院寮舍，位于三玄门内，建于庆长年间，万江和尚塔所。

常乐庵，玉林院子庵，古溪和尚创建。其后废弃，细川越中守源纲利侯，请大岸和尚重建。

孤篷庵，龙光院子庵，开山祖师为江月和尚为小堀远江守政一建造。

慈照寺是足利义政的别业。东求堂中央挂有相阿弥的花鸟，数寄屋面积四叠半，违棚上的梅花画作为相阿弥旧作，帐台的障子是狩野永纳的琴棋书画图，两边的兰花和水仙图是相阿弥的作品。东间放置有义政的木像。义政于延德二年正月七日去世，享年五十六岁，称号"慈照院殿准三宫喜山大居士"。方丈中间挂有海北友雪的仙人画，东间挂的是逍遥轩山水，西间挂的是为狩野隆也的山水画。

集芳轩位于堂后，近世所造。

茶水井位于东求堂北侧，热泉涌出，蜿蜒流向集芳轩。

幕府将军足利义政生于永享八年正月二日，宝德元年四月廿九日任征夷大将军。应仁元年，山名宗全与管领细川胜元发生持续战争。此时胜元在室町花御所奉三种神器迎请主上上皇，而将军家则希望撇开胜元，挟天子而引发战乱，导致南禅寺、相国寺等大量寺院化为焦土，京都内外诸侯府邸民居也大量毁于兵火。这场战乱被称为"应仁之乱"。本朝旧记诸家文书大量亡于此次战乱。应仁元年至十一年，诸大名据守领国形成割据之势。山名与细川对战，将军之位传于足利义尚，足利义政于东山慈照寺中兴建银阁，收藏古器名画，在此归隐，世称"东山殿"。

将军家的山阁，不仅风光壮丽，且境地广大，在应仁之乱中荒废。天正末年，近卫龙山公丰臣秀吉曾在此隐居，当时已经听说有众多宝物失散（图5-2-21～图5-2-24）。

南禅寺方丈林泉，立奇石巨岩，犹如云梦泽仙境。方丈东间鸣泷图、花鸟画是古法眼元信的作品。中间为廿四孝图、西间的花鸟画是狩野永德的作品。西表一之间挂的是古法眼作品。同屋次间和次第三间挂的是的竹林之虎画，被称为"水吞虎"，均是狩野探幽的真迹。

南禅院位于南方，是龟山法皇的离宫。中间是龟山法皇的宸影堂，堂内均悬挂有狩野探幽的真迹。

法皇的御庙位于南侧上方二町。院内林泉当地罕有，可以说是日月之灵境。寺记中记载，弘安年中，龟山上皇在此处营建离宫，后舍宫为寺。至德三年七月，敕命为禅宗五山之上。

金地院号称五山僧录司，此地林泉名岩众多。旁边有镇守昭堂，南边有御宫。方丈室面南，室内神仙画、花鸟画，皆为狩野尚信的真迹。方丈外庭玲珑之景，是本山绝妙之境。

塔头听松院林泉，风色幽雅，庭内有玛瑙水钵，有菅神梦想所植名松。听松院是慧鉴禅师的住所（图5-2-25~图5-2-45）。旧传禅师一夜幽梦，梦见北野神君[①]将其视如珍宝般的一株松树赐予自己。禅师一觉醒来感念不已，于是马上打扫庭院洒水挖坑以待神赐，结果菅神如约赠之一盆松。"想必此应是我家哪位先祖假托菅神之名所为。之前我因故游赏本寺，观寺内青松长势蔚然根部巨大，已有数百年的树龄。宽政辛亥（1791）年间，现任主持正岩禅师为此求诗，余因此赋诗一首以应其求。"

青松百尺接天开，曾入高僧梦里来。
林下谁知奉神托，庭前偏好挺凡材。
计年风外潮音起，仰德云间龙影回。
元自奇句在人口，千秋并赏赋中梅。

特呈　菅原胤长

青莲院位于栗田口，以前，大僧正、慈圆、慈道法亲王先后在院内修行。境内有尊胜院。《后撰和歌续》《玉叶集》《应仁记》中均有记载。

知恩教院称为大谷寺，此地以前为正久寺常在光院白毫寺、太子堂，另有释亲鸾圣人之墓，后废弃，或者迁入其他寺院（图5-2-46）。

---

① 北野神君即菅原道真（845—903），平安中期著名学者、公卿。

图 5-2-21　银阁寺林泉
（引自《都林泉名胜图会》，作者改绘图例与底图）

图 5-2-22　银阁寺东求堂前的池沼与岛桥
（作者摄）

图 5-2-23　银阁寺远眺
（作者摄）

图 5-2-24　银阁寺集芳轩
（引自《都林泉名胜图会》）

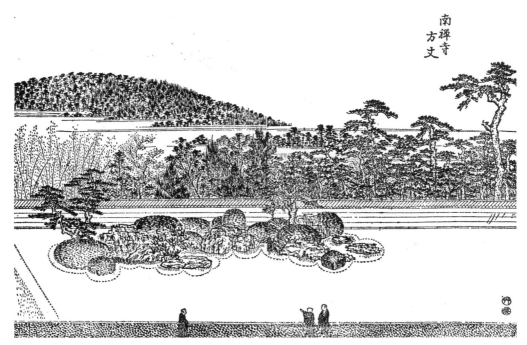

图 5-2-25　南禅寺方丈
（引自《都林泉名胜图会》）

图 5-2-26　南禅院
（引自《都林泉名胜图会》）

图 5-2-27　南禅寺佛堂
（作者摄）

图 5-2-28　南禅寺南禅院庭园一
（作者摄）

图 5-2-29　南禅寺南禅院庭园二
（作者摄）

图 5-2-30　南禅寺南禅院池泉与流枝松
（作者摄）

图 5-2-31　南禅寺南禅院池泉反桥
（作者摄）

图 5-2-32　南禅寺南禅院池泉中岛
（作者摄）

图 5-2-33　南禅寺南禅院山泉
（作者摄）

图 5-2-34　南禅寺南禅院建筑
（作者摄）

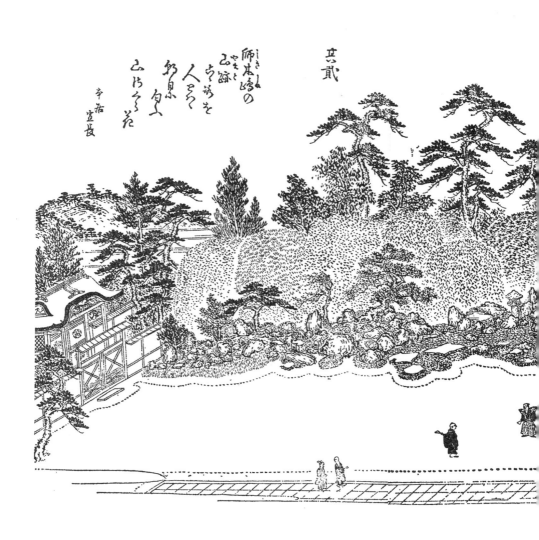

其貳

いきし
師本縁の
やまと
ひ跡
古蹟を
人のく
知見る
白き
山ちかく花

宇治
宣長

图 5-2-35　南禅金地院
（引自《都林泉名胜图会》）

图 5-2-36　南禅寺金地院方丈与枯山水庭园
（作者摄）

图 5-2-37　南禅寺金地院枯山水石组
（作者摄并加图注）

图 5-2-38 南禅寺听松院
（引自《都林泉名胜图会》，作者改绘图例并修正底图）

图 5-2-39 南禅寺天授庵方丈东庭
（作者摄）

图 5-2-40　南禅寺天授庵庭园中门
（作者摄，从入口望）

图 5-2-41　南禅寺天授庵南庭池桥
（作者摄）

图 5-2-42　南禅寺天授庵方丈庭园
（作者摄）

图 5-2-43　南禅寺天授庵书院看庭园
（作者摄）

图 5-2-44　南禅寺天授庵园路
（作者摄）

图 5-2-45　南禅寺天授庵书院建筑
（作者摄）

图 5-2-46　知恩教院方丈林泉
（引自《都林泉名胜图会》，作者修正底图）

　　圆山称为安养寺，吉水大懺法院的故址，坊舍六宇，建于山崖之上，亭阁林泉成玲珑之境，洛东①佳境也。长寿庵左阿弥、胜兴庵正阿弥、花洛庵清阿弥，称为"端寮"。多福庵也阿弥、延寿庵连阿弥、多藏庵春阿弥、左阿弥中，有织田入道云生寺道八之塔。其人为织田信长之弟织田有乐之子。多藏庵庭园为相阿弥作品，多福庵书院的画作为雪溪的真迹。寺境中还有著名的吉水之泉（图 5-2-47 ～ 图 5-2-50）。

———————————

① 洛东即京都东部。

宇賀庙

七星桥

四大塔

云居亭

天柱峰

浪影桥

桃源窟

春曙池

春眠亭

图 5-2-47　圆山多藏庵
（引自《都林泉名胜图会》，作者改绘图例并修正底图）

图 5-2-48　圆山延寿庵
（引自《都林泉名胜图会》，作者修正底图）

梅のもれ
あくる
替の
早さ
タタ

定雅

图 5-2-49　圆山长寿院
（引自《都林泉名胜图会》，作者修正底图）

图 5-2-50　圆山多福庵
（引自《都林泉名胜图会》，作者修正底图）

　　高台寺林泉位于丰太阁御灵舍下段，方丈东侧，风光奇雅，缩洞庭之景。此地原为云居寺、岩栖院、金山寺旧址。此地曾有鹫尾中纳言隆良卿的山庄，故山岭称为鹫峰。丰太阁夫人高台院湖月尼为本寺施主，并安葬于此。旁边建有天哉翁长啸墓。御灵舍为宝形造屋顶，内外庄严，花色俊美，长押①上面绘有三十六歌仙。和歌是八条智亲王所作，画作为土佐光信所作的秀吉公、政所公、三江和尚像。山中有多处洛东名所。春天樱花香气浓郁。夏天庭池上，群燕飞花。秋天萩花飘洒，鹫峰之顶月色皎洁。冬日雪花随风飘舞。此景实乃东坡骑凤和宋玉作幽兰白雪之曲之胜地也（图 5-2-51～图 5-2-58）。

---

　　①　长押是日式建筑中连接柱子的横向构件。

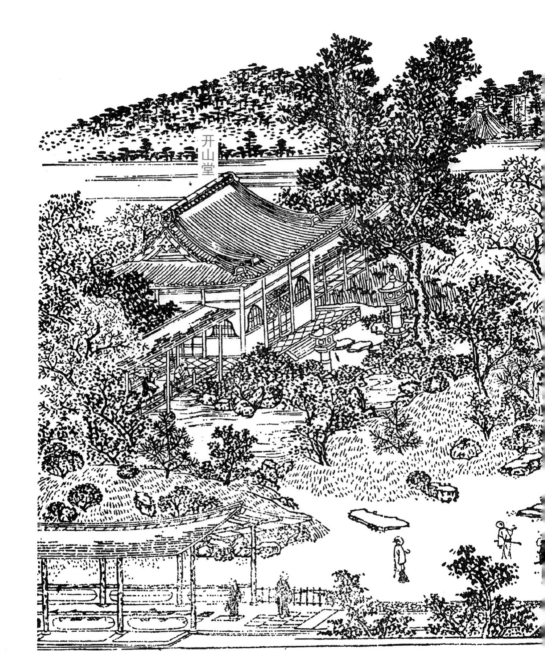

开山堂

图 5-2-51　高台寺方丈林泉
（引自《都林泉名胜图会》，作者修正底图并改绘图例）

白山峰

开山堂

图 5-2-52　高台寺小方丈
（引自《都林泉名胜图会》，作者修正底图并改绘图例）

图 5-2-53　高台寺方丈庭园——波心庭
（作者摄）

图 5-2-54　高台寺卧龙池，后为卧龙廊

（作者摄）

图 5-2-55　高台寺卧龙廊
（作者摄）

图 5-2-56　高台寺伞亭
（作者摄）

图 5-2-57　高台寺波心庭枯山水边缘做法
（作者摄）

图 5-2-58　高台寺偃月池
（作者摄）

灵山山顶有寺，称为正法寺。是治承二年（1178年）十一月七十四处佛寺中的一处，藤明衡游览灵山所题无题诗中有所记载（图5-2-59~图5-2-61）。

图 5-2-59　灵山叔阿弥
（引自《都林泉名胜图会》）

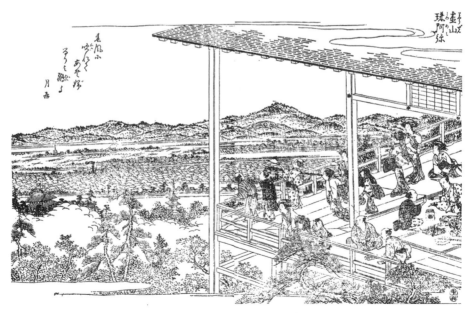

图 5-2-60　灵山珠阿弥
（引自《都林泉名胜图会》）

歌中山清闲寺的林泉，庭中有重要的石组，此地如从嵯峨渡月桥观赏，如同狮子口。高仓院中多丹枫，眺望晚秋如锦带。山谷里生产松茸。京都人均喜好在此游赏，可称风流胜邑（图5-2-62）。

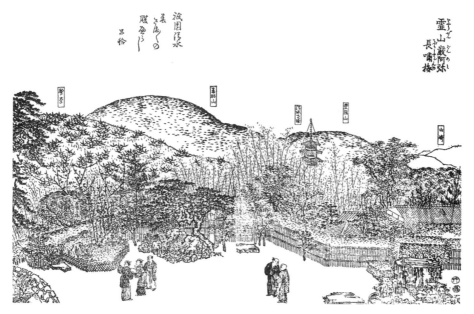

图 5-2-61　灵山严阿弥
（引自《都林泉名胜图会》）

图 5-2-62　歌中山清闲寺
（引自《都林泉名胜图会》）

清水寺境内成就院林泉非常有名，是相阿弥所造，后来由小堀远州修补。园内振袖手水钵、篱岛石、鸟帽子石是从须磨浦处移来。五块飞石是加藤清正从朝鲜带来放置此处，汤屋溪是秀吉在此地游览之时营造浴室的遗迹。现在中门尚在，护摩堂受东福门院的捐赠而建。此庭园营造可以说是洛东妙境，连接了远近美景。同境宝生院的客殿是昔日后奈良院寝殿移来的。坊中延命院将丰国山、清闲寺和音羽岭之景纳入庭中。圆养院中，自庭中远望，可见八幡山和淀川流水⋯⋯（图5-2-63~图5-2-67）。

图 5-2-63　清水成就院
（引自《都林泉名胜图会》，作者改绘图例和底图）

图 5-2-64　清水宝生院
（引自《都林泉名胜图会》，作者改绘图例与底图）

图 5-2-65 清水延命院
（引自《都林泉名胜图会》，作者改绘底图）

图 5-2-66 清水圆养院
（引自《都林泉名胜图会》，作者改绘图例与底图）

图 5-2-67　京都东山清水寺
（作者摄）

养源院位于莲华王院东侧，丰臣秀吉内政大虞院英岩大姐捐赠所建，开山祖师为天台宗胜伯法印……本院林泉，风光闲雅，奇岩众多，大客殿、松之间中均挂有宗达的作品，桃之间上段的松鹤图是永德的作品，据传葵之间的装饰画也是其作品（图 5-2-68）。

智积院位于养源院东侧，开山祖师为真言新仪派正宪法印。最初是为丰太阁御子弃君菩提而建，称为祥云禅寺，后移至妙心寺玉凤院。将军家在初濑创建小池坊，在此地创建智积院。院内有法住寺殿的遗迹，北边至滑谷妙法院，南边至新熊野瓦阪。林泉位于东部，翠峦层叠，深林之中有宝阁寂影。客殿书院中有百花图，玄关有松鹤图，皆为长谷川等伯真迹。此作品多用描金，色彩绚丽，是作者生涯中罕见的作品（图 5-2-69）。

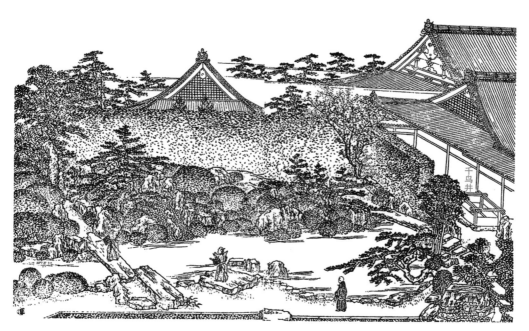

图 5-2-68　养源院
（引自《都林泉名胜图会》，作者修正底图并改绘图例）

图 5-2-69　智积院
（引自《都林泉名胜图会》，作者修正底图）

泉涌寺至南东福寺境内，以前是关白九条兼实的领地，其人在此地的山庄称为月轮殿。其孙，光明峰寺道家公信奉禅法，营造光明峰寺，供奉毗沙门天。旧迹位于偃月桥①以东、即宗院后面，后来延请圣一国师创建东福寺，遂成为大刹。爱宕山的月轮寺实际是后世之人所造，相关记载也未见月轮禅定兼实公居住于爱宕山一事。月轮寺是庆俊法师所开基。月轮作为地名，位于现在东福寺境内。

　　慧日山东福寺经过镰仓将军赖经公和赖嗣公两代人，诸伽蓝悉数配成，塔头五十余座。境内林泉成为洛南妙境，东山号称光明峰，通天桥架设于法堂与常乐之间，门额为普明国师亲笔所书。桥下的枫叶是京都奇观，选佛场与被称为旃檀林的众寮门额均为无准所书。龙吟水、甘露水位于山门东南，洗玉涧与通天桥下的溪流相接。偃月桥原来称为虎啸桥，位于方丈与龙吟即宗之间。千松林称为通天桥的东林，法堂匾额上的"潮音阁"字是无准所书，山门匾额"妙云阁"是足利将军义持公亲笔书写。思远池是山门前莲池。无价轩是方丈书院。外云桥位于五大堂之南，架设于洗玉涧末端。二老桥位于五大堂和三圣堂之间。摩诃阿弥的旧迹位于芬陀利华院东侧空地，墓地在镇守旁边，称为本山地主神灵。重塔间隙有残留的大块石头。普明寺内有开山塔，称号为常乐庵。本山古迹名所众多，塔头如下：

　　三圣寺位于北门内，足利义满所建，宝觉禅师开基。

　　爱染明王安放于八角堂内。

　　枭灯笼近年移至三圣寺林泉内。灯膛中刻画有枭的形象。此地原为恶七兵卫景清的馆寮，听说当时此灯笼已经存在。

　　万寿寺，宝觉禅师开基。

　　灵源院，龙泉和尚开基。

　　海藏院，虎关和尚住坊。

　　正统院，圣一国师法嗣月船和尚开基。

　　栗棘庵，白云和尚开基。

　　通天桥匾额"通天"，普明国师亲笔。

　　即宗院客殿美观，位于东山间，有茶亭，称为"采薪亭"。

　　灵云院称为"不二庵"，湘雪和尚的住坊。庭园中有遗爱石，相传此石最初为肥后大守细川光尚侯之物。湘雪和尚住在此地之时，大守赠予其寺产五百石，湘雪和尚拜谢并婉拒，说出家后贵重的财产不利于修行，宁愿求赐庭中的奇石作为寺院之宝。因此此石称为"遗爱石"。石头高三尺，横四尺，岩端有小松树，石料表面呈青色，基座为须弥坛石台，上有石槽。遗爱石是无双的名石，诸名家为之作记。

　　正觉院庭中之池称为松月池，客殿是从前田德善院伏见移至此处。

　　庄严院院内有林泉之景，内有奇石，名为双鹅石、狮子石，本院是乾峰

---

　　①　偃月桥：反桥的一种，桥拱呈半月形，桥影映射于水面，与倒影合成满月形，故又称为圆月桥。江户时代从中国传来。

和尚开基，佛殿上匾额之字为乾峰所题。

南明院大檀那（施主）是丰太阁秀吉公的妹妹朝日姬（图 5-2-70～图 5-2-82）。

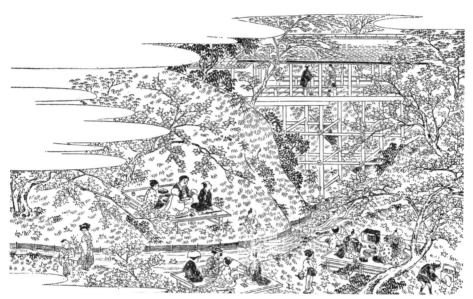

图 5-2-70　东福寺通天桥观红叶
（引自《都林泉名胜图会》，作者修正底图）

图 5-2-71　不二庵遗爱石
（引自《都林泉名胜图会》，作者改绘图例与底图）

图 5-2-72　即宗院
（引自《都林泉名胜图会》，作者改绘图例并修正底图）

图 5-2-73　东福寺南明院
（引自《都林泉名胜图会》，作者修正底图）

图 5-2-74　东福寺常乐庵前的池泉筑山庭
（作者摄）

图 5-2-75　东福寺普门院前的砂庭
（作者摄）

图 5-2-76　东福寺的溪流
（作者摄）

图 5-2-77　东福寺廊道上的观景点
（作者摄）

图 5-2-78　东福寺长廊
（作者摄）

图 5-2-79　东福寺龙吟庵方丈入口铺装
（作者摄）

图 5-2-80　东福寺的竹垣
（作者摄）

图 5-2-81　东福寺的石垣一
（作者摄）

图 5-2-82 东福寺的石垣二
（作者摄）

伏见山，现在的城山，又名松原山，山中多古松。文禄三年丰太阁最早在此营造城池，监修官有佐久间河内守、泷川丰前守、佐藤骏河守、水野龟之助、石尾与兵卫。庆长五年七月，石田三成叛乱，金吾秀秋、宇喜多秀家进攻此城，城将鸟居内藤侯等战死，城池荒废为田园。

远近之人在此游宴，特别是宇治见(又称为月间冈)风光幽妙，是绝胜之地。梅溪从城山北流至五郎太町福寿庵、大龟谷八科岭，瘦枝上梅花雪萼霜绝，初春花香四溢，来此赏花之人忘记了刺骨的寒意（图 5-2-83~图 5-2-85）。

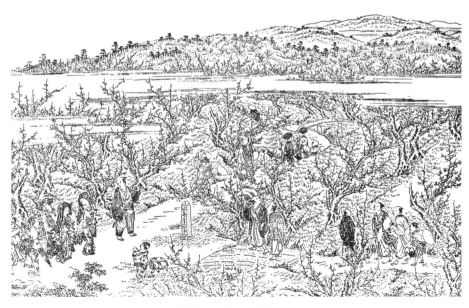

图 5-2-83 伏见梅溪
（引自《都林泉名胜图会》，作者修正底图）

图 5-2-84　伏水龙德庵
（引自《都林泉名胜图会》，作者修正底图）

图 5-2-85　伏水庆云庵
（引自《都林泉名胜图会》，作者修正底图）

图 5-2-86　高雄地藏院
（引自《都林泉名胜图会》，作者修正底图）

高雄山神护寺林泉是洛北妙境，其他地方无法比拟。寺前流淌着清泷川，上架飞桥。深秋时分，枫林如锦，登佛寺可观览一山丹枫。路边是弘法大师的额书石。以前天皇曾敕命弘法大师书写金刚定寺匾额，敕使来传命时天空乌云密布，清泷川水位大涨，淹没了渡桥。弘法大师以笔蘸墨，站于此石上向寺院匾额处凭空书写，墨水如雾一样飞向额面。众人觉得不可思议之际，"金刚定寺"四字在匾额上显现出来，敕使满意而归。现在，额立石立于惣门东侧。本山原承蒙和气清麿八幡宫的神敕，早先建有精舍，称为神愿寺。天长二年本山被赐予弘法大师，寺院改为神护国祚真言寺。弘法大师在寺内居住，金刚界与胎藏界两部佛法因此大盛。弘法大师留有亲笔所绘的密教法具山水屏风。举行灌顶仪式时，将屏风立起，成为密教宗派承袭的模式。山中地藏院的林泉，从客殿庭园至溪涧，可见潺潺流淌的清泷川。从尾崎至谷崖，全是红叶。都内人没有不来此游宴的（图 5-2-86）。

等持院位于葛野郡等持院村境内，开山祖师为梦窗国师，属于天龙寺十刹。林泉中有芙蓉池，足利义政所建的昭堂内供奉有十三代足利将军木像。佛殿内的本尊是释迦像，左右有阿难迦叶。中央的牌位是足利尊氏的母亲上杉清子果证院的，登真院是足利氏的夫人，灵寿院是其爱女（图 5-2-87）。

图 5-2-87　等持院
（引自《都林泉名胜图会》，作者修正底图）

　　龙安寺林泉中，有封境内的名池"镜容池"，冬日鸳鸯聚集于此。池中有三岛，中岛名为伏虎。池中水分石，淋雨之时，水越此石，经过西侧导水槽形成落水。三笑桥位于东边。山中有八景，分别为：东山佛阁、八幡源庙、伏见城址、淀川长流、东寺宝塔、花园暮钟、云山虬松、邻院红叶，均是可以从方丈室远眺的风景。方丈庭园由相阿弥所作，号称洛北名庭第一，庭中无树，模仿大海体相中置奇石十种，形似岛屿，世称"虎子渡"①。此地最早是后德大寺左大臣实能公德别业，文明年中成为细川右京太夫胜元的别庄。其人常坐于书院内，遥望八幡神庙，为了不遮挡视线所以庭中不植树。

　　............

　　塔头西源院供奉释迦阿难迦叶三尊佛像，供奉开山祖师日峰和尚像，内部中间悬挂有描金仙人图，东间竹虎图、西间琴棋书画图，杉木板门窗外象内龟，均为狩野永德的真迹。本院林泉风流，上段地是茶室，室额上是正法山桂南亲笔书写的"藏六"二字。寺院后山绢笠山雪日之景非常壮观。

　　塔头东皋院林泉以远景借景为特点，坐在其中可赏八幡、山崎、淀川、小仓江、伏水、乌羽等绝妙之景。

　　大珠院林泉位于镜容池西侧，池中筑岛，石桥通之，岛上种植有名为绫杉的名贵植物。表皮类似绫绢，叶子与一般杉树叶无二，高三丈左右，是京都的名木。树下有坟墓，中间的为真田左卫门尉幸村之墓，并建有五轮石塔婆（图5-2-88~图5-2-95）。

---

　　① "虎子渡"引自宋末周密《癸辛杂识·虎引彪渡水》："谚云：'虎生三子，必有一彪。'彪最犷恶，能食虎子也。余闻猎人云：'凡虎将三子渡水，虑先往则子为彪所食，则必先负彪以往彼岸，既而挈一子次至，则复挈彪以还，还则又挈一子往焉，最后始挈彪以去。盖极意关防，唯恐食其子故也。'"

图 5-2-88　龙安寺方丈林泉
（引自《都林泉名胜图会》，作者修正底图）

图 5-2-89　龙安寺方丈庭园枯山水石组一
（作者摄）

图 5-2-90　龙安寺方丈庭园枯山水石组二
（作者摄）

图 5-2-91　龙安寺方丈庭园枯山水石组三
（作者摄）

图 5-2-92　龙安寺方丈庭园枯山水石组四
（作者摄）

图 5-2-93　龙安塔头大珠院
（引自《都林泉名胜图会》，作者改绘图例并修正底图）

图 5-2-94 龙安寺镜容池
（作者摄）

图 5-2-95 龙安塔头西源院
（引自《都林泉名胜图会》，作者修正底图）

正法山妙心寺最早是后三条院皇孙花园左大臣有仁公的别庄。因花园法皇喜爱该处景色，故将其作为离宫。信州高梨高家之孙惠玄和尚在镰仓建长寺广岩和尚处受戒，受法于洛北龙宝山大灯国师，法皇皈依禅宗后，舍弃离宫并将其交付惠玄，并诏命惠玄以关山国师为号，为本山的开山之祖。法皇在寺院东侧创设分院，在此静坐修行，称为玉凤院。关山国师于延文五年十二月十二日去世，享年84岁。第二代主持授翁和尚啼哭不已，在山中东北隅（为其遗骸）建塔，称为微笑庵，后谥号为本有圆成佛心觉照国师。

四派松位于佛殿前，远古时期植有柏树，现存四松。因妙心寺院有四派：龙泉派、东海派、灵云派、圣泽派，以此为名。

雪江松位于佛殿东侧，老树千枝，苍松蔚然而成本山之美景。最初松树位于衡梅院中。第六代主持雪江和尚居住于衡梅院，故名。

山中有十景。万岁山位于西北方，称为仁和寺山。高安滩位于南门前，度香桥横跨此河，宇多川是山东方的小河，鸡足岭是位于北部之山，南华塔是东寺之塔。齐宫杜位于东边河流端头。旧籍田位于寺内，是花园的旧迹。百花洞位于大雄院南、惠林院北侧的山谷。麒麟阁位于玉凤院内，是安置花园法皇宸影之处，有称号为麟德殿。

玉凤院位于法堂东，最初是花园法皇宸居的御殿，其去世后，以玉凤院为号，南面建有唐门。

塔　头

天授院，妙心寺第二代主持授翁宗弼和尚为天授院开基祖师。明和四年春，下野国都贺郡西见野村长光寺境内出土宝器（灵宝），被赠予天授院。

灵云院，特芳禅杰开基，庭园由相国寺是庵和尚所作。

大通院，湘南和尚开基，此人最初是土佐国守的儿子，喜好在庭中营造山水胜景，从各地搜寻奇石异木。曾向纪州禅林寺来山和尚求取奇树、奇石。庭中风光，本山第一。

蟠桃院，院内林泉多奇石名岩。

杂华院，林泉是当世名庭，内置奇石，形如十六罗汉，表现释尊大会之体相。此院是日莲宗徒玉渊的作品。

海福院，由一宙和尚开基。

桂春院，林泉妙境，檀越是石河藏人。

大岭院林泉是京师庸轩的作品，檀越是八文字屋。

麟祥院，妙心寺门前东侧，建于宽永十一年，檀越是越稻叶丹后守侯。

春浦院，同所之南，车街西侧。林泉象征虎溪三笑[①]，中有妙境。

---

① "虎溪三笑"典故出自北宋时期刊正的《莲社高贤传》："时远法师居东林，其处流泉匝寺，下入于溪。每送客过此，辄有虎号鸣，因名号虎溪。后送客未尝过，独陶渊明与修净至，语道契合，不觉过溪，因相与大笑。"说的是东晋名僧、净土宗祖师慧远居住庐山东林寺，寺外流泉萦绕流入外溪。慧远送客至此有虎啸声，故名虎溪。慧远送客皆不过虎溪。陶渊明和陆修静同访慧远，三人相谈甚欢，临别时慧远不知不觉已将二人送过虎溪，三人遂相视大笑。

大光院，同所东侧，林泉妙境。

芋喰僧都旧迹位于妙心寺北门内，以前是仁和寺末院，名为真乘院。院主盛亲僧都经常食用芋潜心修行。

大应国师之塔位于妙心寺南五町、安井村竹林之中，此地是大应国师开基的龙翔寺旧迹。寺院毁于应仁之变。近年挖掘出土刻有龙翔寺文字的古瓦。现在龙翔寺寺号移至紫野大德寺塔头中。大应国师是大德寺开山大灯国师的师父（图5-2-96～图5-2-104）。

图5-2-96　妙心寺玉凤院
（引自《都林泉名胜图会》，作者改绘图例并修正底图）

图5-2-97　妙心塔头大通院
（引自《都林泉名胜图会》，作者改绘图例并修正底图）

图 5-2-98　妙心塔头灵云院
（引自《都林泉名胜图会》，作者修正底图）

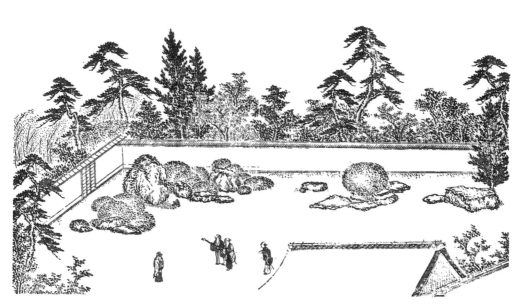

图 5-2-99　妙心塔头杂华院
（引自《都林泉名胜图会》，作者修正底图）

图 5-2-100　妙心塔头蟠桃院
（引自《都林泉名胜图会》，作者修正底图）

图 5-2-101　妙心塔头大岭院
（引自《都林泉名胜图会》，作者修正底图）

图 5-2-102　妙心塔头退藏院
（引自《都林泉名胜图会》，作者修正底图）

图 5-2-103　妙心寺退藏院流泉
（作者摄）

图 5-2-104　妙心塔头春浦院
（引自《都林泉名胜图会》，作者修正底图）

　　鹿苑寺位于平野之北，世称"金阁寺"，原为西园寺家的废地，后成为足利幕府三代将军足利义满的别业。遵从其遗命，别业改为寺院，梦窗国师开基。应永年间，天皇时而巡幸此地。寺内林泉中有三重金阁，露盘上置凤凰，上层为究竟顶，中层为潮音洞，底层为法水院，全部敷以金箔，故名金阁。园池称为镜湖，湖中有九山八海石组，御茶水称为银河泉，龙门瀑下有鲤鱼石，安民泽中有卧龙石。明王院中供奉不动明王石，前有渡天石和独钴水，以春日明神为镇守。实际上此阁可比肩汉宣帝的麒麟阁。

　　足利三代将军足利义满延文三年八月廿二日生于京都，童名春王，应安元年十二月获得征夷大将军称号，永和四年移住室町花亭，号称室町殿，馆内种植数千株名花，时人称其为花御所。永德二年正月任左大臣，同年游览纪州和歌浦，赴富士山。应永元年足利义满出任太政大臣，将军之位传于长子义持，应永五年在鹿苑寺营造三重金阁，六年在相国寺营七重大塔。足利义满退居金阁寺，称为北山殿，向大明皇帝投寄国书并赠黄金一千两（图 5-2-105~图 5-2-112）。

图 5-2-105　京都金阁寺的筑山池泉
（作者摄）

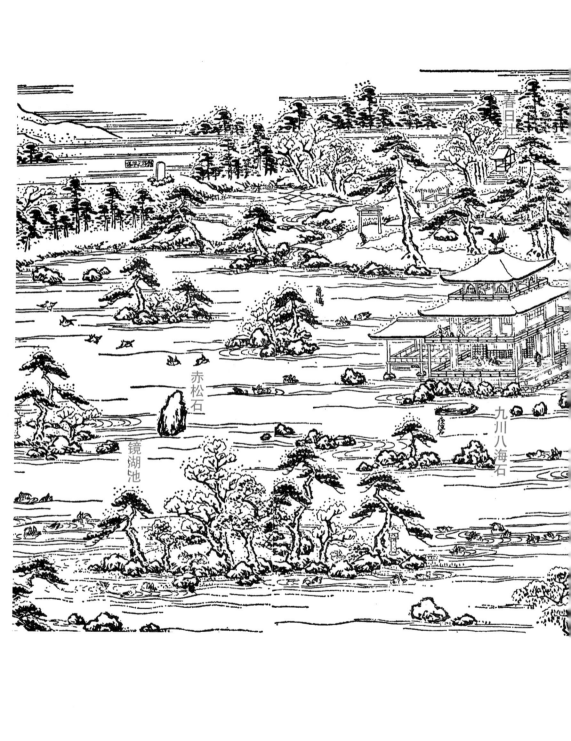

春日社

赤松石

镜湖池

九川八海石

夕佳亭

安民沢

岩下水

龙门暴

图 5-2-106　金阁寺
（引自《都林泉名胜图会》，作者改绘图例与底图）

图 5-2-107　京都金阁寺的金阁
（作者摄）

图 5-2-108　京都金阁寺的池岛（一）
（作者摄）

图 5-2-109　京都金阁寺的池岛（二）
（作者摄）

图 5-2-110　京都金阁寺的石阶
（作者摄）

图 5-2-111　京都金阁寺的立石
（作者摄）

图 5-2-112　京都金阁寺的石组瀑布
（作者摄）

天龙寺位于下嵯峨大井河北岸，五山十刹中的五山之一。方丈林泉为开基祖师梦窗国师所作。龟尾山、岚山、大堰川、户难濑泷作为庭中之景，当地之妙境也。山门称为普明阁。集瑞轩莲池称为曹源池，水脉自龟山山麓而来，即使是酷暑也不干涸。山南松林称为万松洞。龙门亭位于多宝院中，面向户难濑泷。妙智院庭园是策彦周良[①]的作品，其人曾远赴大明。集瑞轩是方丈书院（图5-2-113～图5-2-117）。

图 5-2-113　天龙寺方丈林泉
（引自《都林泉名胜图会》，作者改绘图例与底图）

---

① 策彦周良：1501—1579，临济宗禅僧，曾在鹿苑寺学习佛法，后居住于天龙寺妙智院。其人深受五山文学影响，作为使节两度赴大明。

图 5-2-114　天龙寺曹源池溪岸
（作者摄）

图 5-2-115　天龙寺曹源池全景
（作者摄）

图 5-2-116　天龙寺塔头妙智院林泉
（引自《都林泉名胜图会》，作者修正底图）

图 5-2-117　天龙塔头真乘院林泉
（引自《都林泉名胜图会》，作者修正底图）

　　叶室西芳寺林泉是梦窗国师在此驻锡（指僧人住址）之时，洛阳染殿地藏尊来到，运土石而营造的名园。该园林在应仁兵灾后荒废，由伏见岛之助补作（图纸见于《筑山庭造伝》）。该寺院原为圣武帝天平年间行基大师草创，伽蓝庄严，但是年久失修，逐渐荒废，摄州大守扫部头大江亲秀成为寺院檀越，延请梦窗国师再次复兴本寺（图5-2-118～图5-2-130，可参见图3-1-11）。

图 5-2-118　西芳寺枯山水局部一
（作者摄）

图 5-2-119　西芳寺枯山水局部二
（作者摄）

图 5-2-120　西芳寺枯山水局部三
（作者摄）

图 5-2-121　西芳寺枯山水局部四
（作者摄）

图 5-2-122　西芳寺枯山水局部五
（作者摄）

图 5-2-123　西芳寺枯山水局部六
（作者摄）

图 5-2-124　西芳寺枯山水局部七
（作者摄）

图 5-2-125　西芳寺枯山水局部八
（作者摄）

图 5-2-126　西芳寺石阶
（作者摄）

图 5-2-127　西芳寺垣门
（作者摄）

图 5-2-128　西芳寺石组
（作者摄）

图 5-2-129　西芳寺登山石阶
（作者摄）

图 5-2-130　西芳寺石道
（作者摄）

桂山庄①园林堂②位于下桂村。宽永年间，此地是八条殿智忠亲王③的别业。园林堂额上是后水尾院④的墨迹。另有说法，是现在京极家的别业。传说此堂是丰太阁⑤指挥下的小堀远州的手笔，乃洛西⑥林泉之冠也（图5-2-131~图5-2-141）。

图5-2-131　桂离宫竹穗垣
（作者摄）

---

① 桂山庄即现在的桂离宫，为智仁亲王（1579—1629）首创，最初称为八条宫家。智仁亲王在八岁时候成为丰臣秀吉的养子，在丰臣秀吉的亲子鹤丸出生后，即解除了收养关系。秀吉助其创设八条宫家并给予其三千石的俸禄。因为与丰臣秀吉的关系，在丰臣家族失势后，智仁亲王在政治上未得到重用，而是专注于文学艺术，八条宫家体现了智仁亲王的教养与审美意识。八条宫家后来先后改称为京极宫、桂宫。明治时期1883年转为宫内省管辖地，才称为桂离宫。直到此时桂离宫庭园名声并不显赫，1933年因德国建筑师的介绍而开始为世人所瞩目。

② 园林堂是桂离宫苑内唯一的屋顶铺瓦的茶屋建筑。原为智忠亲王的佛堂，屋顶为宝形造，上置宝珠，正面为唐破风，四周回廊围合勾栏。堂内供奉宫家世代牌位与雕像、智仁亲王的老师细川幽斋的雕像，以及细川送给智仁亲王的书简。

③ 智忠亲王（1620—1662）为智仁亲王之子。据《桂御别业记》《鹿苑日记》《桂亭记》记载，宽永元年（1624年）之前，桂离宫已有池泉、亭桥和茶室，可舟游，在亭中可观赏四面山景。古书院和月波楼也已经完工。智仁亲王去世后，桂离宫荒废，其子智忠亲王重新修缮并增筑园林，在1641—1662年间，增筑了新御殿、赏花亭、笑意轩、园林堂、外腰挂。

④ 后水尾上皇于1658年幸临桂离宫，为此营造了御幸门。1663年上皇再次幸临，为此整治了庭园与茶屋。

⑤ 丰太阁即丰臣秀吉。

⑥ 洛西即京都西部。

图 5-2-132 桂离宫草葺顶御幸门
（作者摄）

图 5-2-133 桂离宫桂垣与葺顶中门
（作者摄）

图 5-2-134　桂离宫石道
（作者摄）

图 5-2-135　桂离宫石板桥
（作者摄）

图 5-2-136　桂离宫松琴亭
（作者摄）

图 5-2-137　桂离宫天桥立
（作者摄）

图 5-2-138　桂离宫石板桥与立石
（作者摄）

图 5-2-139　桂离宫反桥
（作者摄）

图 5-2-140　桂离宫瓦葺顶园林堂
（作者摄）

图 5-2-141　桂离宫笑意轩
（作者摄）

松花堂，位于泷本坊邻地泉旁边，昭乘翁退院的自坊。松花堂是茶室的号，数寄屋四叠半，水屋一帖半，胜手二帖，三（灶）物，有置棚，古体唐窗两边开，天井为藤编，屋顶茅葺，额八分。数寄屋待合等风光优美，庭园中可见宇治川、朝日山、小仓池、伏见泽田、黄檗、木幡里城山等，无双妙境（图5-2-142）。

　　山崎妙喜庵位于大山崎离宫八幡的北侧，禅宗济家洛东东福寺即宗院的抱所，供奉本尊十一面观音像，佛殿匾额为慧峰南宗之手笔。书院内的隔扇画

图 5-2-142　松花堂
（引自《都林泉名胜图会》）

均为山水与人物画题材，是狩野永德的真迹。

　　茶室位于佛殿西侧，千利休居士经营的场所。

　　袖摺松，位于茶室一侧，千利休在此隐居之时，丰臣秀吉一时兴起振袖而入茶亭，故名。松树高三丈余。

　　芝山手水钵，位于茶室东侧庭院内，镌刻"芝山"两字，成蹲踞形态。此数寄屋非常有名，奠定了茶亭的规范，丰臣秀吉曾赏赐其食地五十石（图5-2-143）。

图 5-2-143　妙喜庵茶室
（引自《都林泉名胜图会》）

参考文献

［1］杜春兰.中外园林史［M］.2版.重庆：重庆大学出版社，2014.

［2］重森三玲.日本庭園史圖鑑［M］.东京：有光社，1936–1939.

［3］重森三玲.実測図・日本の名園［M］.东京：诚文堂新光社，1971.

［4］重森三玲，重森完途.日本庭園史大系（全35卷）［M］.东京：社会思想社，1971–1976.

［5］丹羽鼎三.日本庭園略史［M］//全国農業学校長協会.日本农学发达史.農業図書刊行会，1943.

［6］刘庭风.日本园林教程［M］.天津：天津大学出版社，2005.

［7］章俊华.内心的庭园：日本传统园林艺术［M］.昆明：云南大学出版社，2001.

［8］宁晶.日本庭园读本［M］.北京：中国电力出版社，2013.

［9］木村三郎.枯山水論の行方［J］.造園雑誌，1985，49（5）：67–72.

［10］刘庭风.日本古代造园家之一：枯山水的开创者梦窗疏石［J］.古建园林技术，2007（4）：56–57，69.

［11］枡野俊明.日本造园心得：基础知识・规划・管理・整修［M］.康恒，译.北京：中国建筑工业出版社，2014.

［12］木村三郎.造園事情の日中韓関係の歴史的系譜と評価［J］.造園雑誌，1988，2（5）：49–54.

［13］陈植.中国文化艺术对日本古代庭园风格的影响［J］.中国园林，1986（4）：38–41.

［14］曹林娣，许金生.中日古典园林文化比较［M］.北京：中国建筑工业出版社，2004.

［15］刘庭风.中日古典园林比较［M］.天津：天津大学出版社，2003.

［16］周宏俊.中国与日本园林的"借景"源流［J］.中国园林，2016，32（7）：88-92.

［17］钱寅."文献"概念的演变与"文献学"的舶来［J］.求索，2017(7)：167-173.

［18］王劲韬.《园冶》与《作庭记》的比较研究［J］.中国园林，2010，26（3）：94-96.

［19］张十庆.《作庭记》译注与研究［M］.天津：天津大学出版社，1993.

［20］上原敬二.造园古书丛书［M］.东京：加岛书店，1972.

［21］小埜雅章.图解作庭记·山水并野形图［M］.盛洋，译.武汉：华中科技大学出版社，2019.

［22］飞田范夫.造園古書の系譜［J］.造園杂誌，1983，47（5）：49-54.

［23］三浦彩子，铃木里佳.《嵯峨流庭古法秘传之书》的异本研究［J］.日本建筑学会计画系论文集，2011，76（670）：2449-2455.

［24］何晓静.基于造园古籍谱系的日本园林观念演变探析［J］.贵州大学学报（社会科学版），2020，38（3）：121-127.

［25］河村吉宏，中村胜.桂离宫修学院离宫［M］.京都：京都新闻出版センター，2004.

［26］斎藤英俊，穂积和夫.桂离宫：日本建筑美学的秘密［M］.张雅梅，译.台北：马可孛罗文化，2016.

［27］妻木靖延.图解日本古建筑［M］.温静，译.南京：江苏凤凰科学技术出版社，2018.

［28］杨曾文.日本佛教史［M］.北京：商务印书馆，2018.

［29］吉田兼好.徒然草［M］.徐建雄，译.西安：三秦出版社，2020.

［30］清少纳言.枕草子［M］.周作人，译.长春：时代文艺出版社，2018.

［31］玄奘.大唐西域记［M］.章巽，点校.上海：上海人民出版社，1977.

后 记

与日本造园的渊源，起始于我 1999 年至 2002 年在筑波大学环境设计研究室学习期间。跟随铃木雅和先生学习造园知识与技术方法的同时，我亦跟随其他老师学习城市设计、公园绿地等课程。当时，筑波大学组织留学生旅行见学，初步查勘了各地造园实例。后来跟着导师去了偕乐园，由导师详细讲解，对传统造园的了解又加深了一层。

由于硕士论文的选题定在了公园绿地系统的比较研究，所以我当时并未对传统造园倾注很多精力，只是购入了很多资料。回国后，出于科研和实践的需要，我对绿地系统、大范围的区域环境规划和城市空间规划关注较多，发表了一系列这方面的论文并出版了专著。在学习、整理资料和写书的过程中，渐渐地将小尺度的造园、中观尺度的公园绿地和城镇街区、大尺度的绿地系统和区域生态环境等规划思想相互沟通连接、通盘考虑，在这个基础上出版了《日本环境设计史》上、下两册书。

为了了解造园遗产，我在 2016 年、2018 年、2019 年三次前往京都、大阪、东京、名古屋等地实地参访，尤其详细地考察了京都的传统园林。这个过程中，我发现，如果要深刻了解京都造园的源流和特征，除了实地体验、调研园林遗产以外，还需要对相关的造园古籍做全面的了解。当时，国内学者对《园冶》的研究比较丰富，而对其他国家传统园林文献的研究比较薄弱，这就萌发了我做一个日本造园古籍解译专题研究的想法。

本书正是这个专题研究的成果。如果从第一次日本传统园林考察算起，到今天刚好二十一年了。当然，这期间投入的研究精力是断断续续的，前期主要是梳理资料、慢慢摸索的过程，主要的工作是在近五年完成。本书的出版不仅是对我留学生涯学习和研究工作的一个回应，同时也进一步丰富了中外造园历史文化的研究成果。在这里，感谢所有支持我学习和工作的人，特别感谢曾经的筑波大学学弟洪恩东在文字解译方面提供的帮助。研究生宋嘉怡、董岱、李蔚帮助整理了部分资料与插图，亦为本书出版作出贡献。

许 浩
写于南京林业大学南山楼
2024 年 12 月